電子物性入門

博士(工学) 中村 嘉孝 著

コロナ社

まえがき

　なぜ，私たちは電子物性を学ぶのでしょうか。私の一つの理由は宇宙を理解するためです。私たちの住んでいる，この物理宇宙はビッグバンにより生まれ膨張しているといわれています。時間を遡って現在から過去に行くと，宇宙は縮小してどんどん小さくなっていきます。宇宙が生まれるその直前まで過去に遡ると，宇宙の大きさは点になり，そして，最後には消えてなくなることになります。この小さくなった点の宇宙の，その周りは何なのでしょうか。そのよくわからない世界の中に住んでいる私たちはいったい何者なのでしょうか。

　宇宙を構成しているのは物質で，それは原子が凝集した状態です。原子は原子核と電子から成り，その電子は観測する前は波の状態ですが，観測すると粒子（波束）として計測されます。観測前は1個の電子はさまざまな位置に共存していて，あそこに存在してもいるし，ここにも存在している状態です。この電子がどこで発見されるのか，その確率の計算の基となる関数が波（波動関数）で表されます。また，物理的に大きな炭素分子のフラーレンも波であり共存しているようです。このような，電子，原子，物質とは何か。金属はなぜ電荷を運びやすいのか。磁石になるのはなぜか，など，物質の性質を理解するのが電子物性という分野です。物質の性質がわかると，その性質を生かした新しい有効な機能を持った素子（デバイス）の開発も可能になります。ゆえに電子物性は科学と工学の両分野で重要な科目といえます。

　私は学部生の頃，教科書だけではなかなか理解できませんでした。高校時代は1冊の参考書を読みながら，実際に計算すると答を導き出せます。計算して確認できたので，理解したという気持ちになれます。けれども，大学での学びはそううまくいきません。例えば，物理学を理解するとき，数学や他の物理学の本を何冊も開き，あっちの本，こっちの本，と行き来しながら学んでいきます。私が本を読んでいてよく出会ったのは，「この式を計算すると次式となる」という表現です。よし，計算しようと必死に考えるのですがよくわからない。導き出せない。図書館に何時間も籠もって，このことが書かれている本はないか，1冊1冊開いて探していました。すると，この式を導き出すのに他の本で

は10ページ程度かけて説明していました。「あ，この本ではたった1行で書いているけれど，これを理解するには他の分野の知識を含め10ページ必要だったのか。それなら，わからなくて当然だ」と気付きました。私は何時間も時間をかけないと理解できなかったので，「私はなんて頭が悪いのだろう」と思っていました。学生の皆さんの中には「自分は頭が悪い」と勘違いされている方がいるように思います。さまざまな本をたくさん探して，読んで，考えて，やっと理解できますので，どうぞ，自分に自信を持って，理解することを諦めずにコツコツと学んでほしいと思います。

　本書は大学，高専の学生を対象として執筆しました。また，大学院生，研究者の方にも参考になる部分があればと願っています。前半では，量子力学の基礎，結晶構造，格子振動，電気伝導，エネルギーバンド理論など，固体全般に共通する基本的な事柄について解説しました。後半は，半導体，誘電体，磁性体，超伝導体など，性質ごとに分類された物質の特性について解説しています。本書を執筆する上で心掛けたことは，できるだけ論理的な思考ができるようにしたことです。暗記は苦しいけれど，理解は楽しいものです。理解する喜びを感じていただけるように心掛けました。また，論理的な飛躍を少なくするため数式の展開も詳しく書きました。私のように数学で苦しまないようにと願っています。

　私はまだまだ学びが足りず，間違っている部分，勘違いをしている部分があるかもしれません。皆様からのご指摘をいただければ幸いです。

　最後に，八戸高専校長　東北大学名誉教授　岡田益男先生，山形大学名誉教授　大嶋重利先生かたがたには，お忙しい中，時間を作って読んでいただき，たくさんの貴重なご指摘，ご意見をいただきました。心から深く感謝申し上げます。また，本書の図を作ってくれた卒研生の皆さんとたくさんのご配慮をいただいたコロナ社の皆様に心から感謝申し上げます。最後に，いつも，支えてくれた妻に感謝します。皆様，ありがとうございました。

2015年10月吉日

中　村　嘉　孝

目　　　次

1. 量子力学の基礎

1.1　光，電子の粒子性と波動性 ……………………………………………… 2
1.2　不確定性関係 ………………………………………………………………… 4
1.3　シュレーディンガー方程式 ………………………………………………… 5
1.4　無限井戸型ポテンシャル中の粒子 ………………………………………… 12
1.5　有限井戸型ポテンシャル中の粒子 ………………………………………… 22
1.6　トンネル効果 ………………………………………………………………… 33
演習問題 …………………………………………………………………………… 40

2. 結晶構造

2.1　固体の結合力 ………………………………………………………………… 43
　2.1.1　イオン結合 ……………………………………………………………… 43
　2.1.2　共有結合 ………………………………………………………………… 49
　2.1.3　金属結合 ………………………………………………………………… 51
2.2　ブラベー格子と空間格子 …………………………………………………… 52
2.3　結晶の方向と面を表すミラー指数 ………………………………………… 54
2.4　結晶の不完全性 ……………………………………………………………… 55
2.5　代表的な結晶構造 …………………………………………………………… 57
2.6　X線回折と結晶構造 ………………………………………………………… 58
演習問題 …………………………………………………………………………… 60

3. 格子振動と熱的性質

- 3.1 同種原子から成る一次元格子振動 …………………………… 63
- 3.2 二種原子から成る一次元格子振動 …………………………… 67
- 3.3 格子振動の量子化 ……………………………………………… 78
- 3.4 固体の比熱 ……………………………………………………… 78
  - 3.4.1 デューロン・プティの法則 ……………………………… 79
  - 3.4.2 アインシュタインの理論 ………………………………… 80
  - 3.4.3 デバイの理論 ……………………………………………… 81
- 3.5 固体の熱伝導 …………………………………………………… 84
- 演 習 問 題 ………………………………………………………… 85

4. 金属の自由電子論

- 4.1 移動度，緩和時間，電流密度 ………………………………… 87
- 4.2 金属の自由電子モデル ………………………………………… 90
  - 4.2.1 三次元井戸型ポテンシャル中の粒子 …………………… 90
  - 4.2.2 フェルミ球とフェルミエネルギー ……………………… 94
  - 4.2.3 状 態 密 度 ……………………………………………… 97
  - 4.2.4 フェルミ・ディラック分布関数と電子分布 …………… 100
- 演 習 問 題 ………………………………………………………… 101

5. エネルギーバンド理論

- 5.1 クローニッヒ・ペニーのモデル ……………………………… 103
- 5.2 結晶内における電子の運動と有効質量 ……………………… 107
- 5.3 金属，半導体，絶縁体のバンド構造 ………………………… 111
- 演 習 問 題 ………………………………………………………… 114

6. 半 導 体

- 6.1 真性半導体 ·· 116
- 6.2 キャリヤドーピング ·· 127
- 6.3 不純物半導体のキャリヤ密度の温度依存性 ·································· 131
- 6.4 ホール効果 ·· 135
- 6.5 キャリヤの拡散とアインシュタインの関係式 ································ 140
- 6.6 光吸収と光吸収係数 ··· 142
- 6.7 pn 接合 ·· 143
- 演習問題 ··· 145

7. 誘 電 体

- 7.1 電気双極子モーメントと誘電分極 ·· 151
- 7.2 誘電率 ·· 153
- 7.3 局所電界 ··· 155
- 7.4 誘電分極の機構 ·· 156
- 7.5 誘電分散と誘電損失 ··· 158
- 演習問題 ··· 160

8. 磁 性 体

- 8.1 磁性の起源 ··· 162
  - 8.1.1 電子の軌道運動による磁気モーメント ································ 162
  - 8.1.2 電子のスピンによる磁気モーメント ··································· 164
- 8.2 磁化率と透磁率 ·· 165
- 8.3 磁性体の分類 ··· 167

演習問題 ……………………………………………………………… 170

9. 超 伝 導 体

9.1 完 全 導 電 性 ……………………………………………………… 172
9.2 マイスナー効果 ……………………………………………………… 173
9.3 ロンドン方程式 ……………………………………………………… 176
9.4 超伝導体の諸特性 …………………………………………………… 181
 9.4.1 第一種・第二種超伝導体と磁束の量子化 …………………… 181
 9.4.2 比熱の飛びと遠赤外光吸収スペクトル ……………………… 183
 9.4.3 同 位 体 効 果 ……………………………………………… 185
 9.4.4 ジョセフソン効果と超伝導量子干渉計 ……………………… 186
9.5 高温超伝導体 ………………………………………………………… 186
演 習 問 題 ……………………………………………………………… 187

引用・参考文献 …………………………………………………………… 188
演習問題解答 ……………………………………………………………… 190
索　　　引 ……………………………………………………………… 197

1 量子力学の基礎

　私たちの住んでいる物理世界を構成している原子とは何か。原子を構成している電子は粒子であり波でもある。この相反する概念をどのように理解すればいいのか。本章では，固体の性質を理解するために必要な量子力学の基礎を学ぶ。

　1897年，トムソンにより電子が発見された。1911年，ラザフォードは原子核を発見した。原子核の周りを電子が回っているというラザフォード模型が考えられた。しかし，問題があった。電子の移動は電流の流れであるから，それに伴って磁界が発生する。マクスウェルの方程式から電磁波が放射されエネルギーが放出される。そのため，電子はエネルギーを失い，原子核に引き寄せられて，最後には原子はつぶれてしまい実在できないという問題である。もう一つの大きな疑問は，水素を含む放電管からのスペクトルから，水素原子中の電子のエネルギーは飛び飛びの値しか取り得ず，最低のエネルギー状態（基底状態）があることがわかっていた。この事実から基底状態までエネルギーが小さくなると，これ以上小さくなれないので，原子はつぶれずに実在できることは理解されていた。しかし，なぜ，飛び飛びになり，なぜ基底状態が存在するのか，という問題は未解決であった。飛び飛びになることを表す量子条件が，1913年，ボーアにより提案された。また，1923年，コンプトン散乱により波である電磁波が粒子であることが明確になった。同年，ド・ブロイは，波である電磁波が粒子でもあるならば，粒子である電子も波の性質を持つと提案し，実験により確認された。後に，その波に対する運動方程式であるシュレーディンガー方程式が提案された。

　物質を構成する原子・電子の性質の理解はこのように，量子力学により明らかにされた。そこで，原子の集まりである物質の性質を論じる物性論の始まりとして，量子力学から始めることにしよう。

アルベルト・アインシュタイン（ドイツ）

1.1 光, 電子の粒子性と波動性

物体を加熱すると赤や青白などの光が放射される。いま, 空洞の物体を考え, これに小さな穴を開ける。そこから中に光が入射すると, 内壁で反射や吸収が起きる。穴が小さいため光は外に出てこないので, 外から中を見ると黒く見える。この物体を加熱すると穴から光が放射される。この物体をある温度に加熱したとき, どのような波長の光が, どの程度放射されるのか, を示したものを**黒体放射**（**空洞放射**）のスペクトルと呼ぶ。

1900年に, プランクはこの黒体放射のスペクトルを説明するために, **光のエネルギーの量子化**の仮説を立て, **プランク定数** $h \fallingdotseq 6.626 \times 10^{-34}$ Jsを導入した。つまり, 電気量にこれ以上分割できない素電荷 $e \fallingdotseq 1.602\,19 \times 10^{-19}$ Cがあるように, エネルギーも決して連続ではなく, ある最小のエネルギー素量から成り立っていると考え, これを**エネルギー量子**と呼んだ。振動数 ν の電磁波は, 荷電粒子が ν という振動数で振動するときに電磁波が放出されることが知られていた。したがって, 空洞内に振動数 ν の電磁波が充満しているとき, ν という振動数の荷電振動子が空洞内壁に存在していると考えることができる。プランクはこうした振動子のエネルギー ε は, エネルギー量子

$$\varepsilon = h\nu \tag{1.1}$$

の整数倍の値

$$\varepsilon = nh\nu \tag{1.2}$$

しか取り得ない, という仮説を立てた。したがって, 空洞内壁には $h\nu$, $2h\nu$, $3h\nu$, $\cdots$, $nh\nu$ のエネルギーを持つ振動子が多数存在する, ということである[1][†]。従来, 光のエネルギーは連続的な値を取ると考えられていたものを, プランクは離散的な飛び飛びの値しか取れない, としたのである。これを**量子**

---

† 肩付き数字は, 巻末の引用・参考文献を表す。

化，または**離散化**と呼ぶ．こうすることで，黒体放射のスペクトル分布をうまく説明することに成功した．以上が光のエネルギーの量子化と呼ばれるものである．

1913年に，ボーアは水素原子モデルにおいて，電子の角運動量を軌道1周分積分するとプランク定数 h の整数倍になる，という**角運動量の量子化**という概念を導入し，水素原子の光の吸収・放出を説明することに成功した．

以上のように，プランクとボーアによって

1. **エネルギーの量子化**
2. **運動量の量子化**

なる概念が生まれ，古典物理学では説明困難な現象を理解することができた．

1905年に，アインシュタインはプランクの量子化の概念を一般化し，振動数 ν の光（電磁波）が空間を進むということは，光が $h\nu$ というエネルギーのかたまり，粒子として空間を飛んでいくのと同じである，と考えた．この光の粒子を**光子**（photon），あるいは**光量子**と呼ぶ．この仮説を**光量子説**と呼ぶ．つまり，アインシュタインによって光は粒子であることが明らかになった．マクスウェルの電磁気学による光の波動性と，アインシュタインによる光の粒子性が示され，光は粒子性と波動性を持っていることが明らかになった．

電子や中性子などの粒子が，速度 v で運動しているとき，質量を m とすると，エネルギーと運動量は，古典力学では

$$\varepsilon = \frac{1}{2}mv^2 \tag{1.3}$$

$$p = mv \tag{1.4}$$

と表される．しかし，1923年にド・ブロイは，粒子である電子も波動性を持っていると指摘し，粒子の持つエネルギーの式 (1.3) と運動量の式 (1.4) は，波に関係する以下のような周波数 ν と波長 λ の式

$$\nu = \frac{\varepsilon}{h}, \quad \omega = \frac{\varepsilon}{\hbar} \tag{1.5}$$

$$\lambda = \frac{h}{p}, \quad k = \frac{p}{\hbar} \tag{1.6}$$

に変換できるとした．つまり，この波は周波数 ν，角周波数 ω，波長 λ，波数 k を持つ，と提唱した．いままでは粒子であると考えられていた電子は，光と同様に**粒子性**と**波動性**の両面を持つことが明らかになった．また，炭素分子であるフラーレンの波動性も確認されている．このような波は，**物質波**または**ド・ブロイ波**と呼ばれ，この波の形を表す関数を**波動関数**と呼ぶ．

1.2 不確定性関係

　質量のない光にしても，質量のある電子にしても，粒子性と波動性という二つの性質を持っていることがわかった．この粒子性と波動性という二重性のために，特定の二つの物理量を同時に正確に決めることができなくなる．つまり，波束のように，いくつもの波長の波が重なっていると，どのような波なのか不確定になるが，波束として固まっているので粒子性は明確になる．つまり，波としての性質が不明確になると，粒子としての性質，つまり，位置が明確になってくる．一方，単一の波長の波は空間に広がった波となり，波束はできないので粒子性は不明確になるが，単一波長なので波の性質は明確になる．つまり，粒子性が強くなると波動性が不確定になり，波動性が明確になると粒子性が不確定になる．一般に，量子力学では，ある特定の二つの物理量を同時に決めようとするとき，正確さに基本的な限界が存在する．これを**不確定性関係**と呼ぶ．同時に決めることができない二つの物理量を**不確定性関係にある**という．

　不確定性関係は，運動量 p と位置 x の不確定さを，それぞれ Δp および Δx とすると

$$\Delta p \Delta x \geq \frac{\hbar}{2} \tag{1.7}$$

と表される.エネルギー E と時間 t の不確定さを,それぞれ ΔE および Δt とすると

$$\Delta E \Delta t \geq \frac{\hbar}{2} \tag{1.8}$$

なる不確定性関係が成立する.ただし,$\hbar = h/2\pi \fallingdotseq 1.055 \times 10^{-34}$ J s である.

　ここで注意しなければならないのは,ミクロの世界において電子や素粒子は空間内のさまざまな場所に「共存」しているので,それがどこに存在するのかを明確に決めることができない,というものであり,決してわれわれ人間が正しく測定できないだけで,電子や素粒子そのものは位置も運動量も本来は決まっている,というものではないことに注意が必要である.

1.3　シュレーディンガー方程式

　前述したように,ド・ブロイは電子などの粒子は波の性質を持つことを提案した.つまり,式 (1.5),(1.6) に示したように,エネルギー ε,運動量 p を持っている粒子は波の性質を持ち,その角周波数は $\omega = \varepsilon/\hbar$,波数は $k = p/\hbar$ となるという提案である.Davisson と Germer の回折実験や Thomson の回折実験などから,その波を表す関数(波動関数)は,この ω と k を用いて

$$\cos(kx - \omega t), \quad \sin(kx - \omega t), \quad e^{i(kx - \omega t)}, \quad e^{-i(kx - \omega t)}$$

のうちのどれか一つ,または,その一次結合であることがわかった[2]。

　粒子が波ならば,波を表す関数が従わなければならない波動方程式があるはずである.そこで,ド・ブロイの関係式を波動方程式で表す.簡単のため一次元で考える.

　波は一般的に正弦波を使って表す場合が多い.そこで,波(波動関数)として,例えば

> **ワンポイント**
> ド・ブロイの関係式
> $\varepsilon = h\nu = \hbar \omega \quad \cdots (1.5)$
> $p = \dfrac{h}{\lambda} = \hbar k \quad \cdots (1.6)$

$$\psi(x, t) = \sin(\underbrace{k}_{=\frac{2\pi}{\lambda}} x - \underbrace{\omega}_{=\frac{\varepsilon}{\hbar}} t) = \sin\left(\frac{2\pi}{\lambda} x - \omega t\right)$$

$$= \sin\left(\underbrace{\frac{h}{\lambda}}_{=p}\underbrace{\frac{1}{\frac{h}{2\pi}}}_{=\frac{1}{\hbar}}x - \frac{\varepsilon}{\hbar}t\right) = \sin\left(\frac{p}{\hbar}x - \frac{\varepsilon}{\hbar}t\right) \tag{1.9}$$

を考える．この式は，ド・ブロイの関係式を用いて変形している．波動であるからにはよく知られた波動方程式

$$\frac{\partial^2 \psi(x,t)}{\partial t^2} = v_{ph}^2 \frac{\partial^2 \psi(x,t)}{\partial x^2} \tag{1.10}$$

が成り立たなければならないと考えると（ただし，v_{ph}：波の速度）

$$\frac{\partial^2}{\partial t^2}\sin\left(\frac{p}{\hbar}x - \frac{\varepsilon}{\hbar}t\right) = -\frac{\varepsilon^2}{\hbar^2}\sin\left(\frac{p}{\hbar}x - \frac{\varepsilon}{\hbar}t\right) \tag{1.11}$$

$$\frac{\partial^2}{\partial x^2}\sin\left(\frac{p}{\hbar}x - \frac{\varepsilon}{\hbar}t\right) = -\frac{p^2}{\hbar^2}\sin\left(\frac{p}{\hbar}x - \frac{\varepsilon}{\hbar}t\right) \tag{1.12}$$

から

$$\varepsilon^2 = v_{ph}^2 p^2 \tag{1.13}$$

が導かれる[3]．つまり

$$\varepsilon^2 \propto p^2 \tag{1.14}$$

の関係が成り立つ．しかし，速度 v を持った粒子は古典力学より

$$\varepsilon = \frac{1}{2}mv^2 = \frac{1}{2m}(\underbrace{mv}_{=p})^2 = \frac{p^2}{2m} \tag{1.15}$$

が成り立たなければならない．つまり

$$\varepsilon \propto p^2 \tag{1.16}$$

の関係が成り立つ．ド・ブロイ波に対する波動方程式から導かれた式 (1.14) は，古典力学から導かれた式 (1.16) と異なっている．同じ形にするには，式 (1.13) が，p について二次，ε について一次の関係式を与えるようなものでなければならない．これは，波動方程式が $\partial/\partial x$ については二次，$\partial/\partial t$ については一次であることを要求する．すると

$$\alpha\frac{\partial \psi}{\partial t} = \frac{\partial^2 \psi}{\partial x^2} \tag{1.17}$$

の形が予想される。α は定数である。しかし，実数の正弦波はこのような方程式を満たさない。なぜなら，式 (1.9) の正弦波 $\sin((p/\hbar)x - (\varepsilon/\hbar)t)$ を t で 1 回微分すれば $\cos$ に変わるのに，x で 2 回微分すれば $\sin$ に戻り，これらは整合しないからである。そこで，波動関数として実数の正弦波に限ることはやめなければならない。そこで，波動関数として，詳細は省略[3]するが

$$
\left.\begin{array}{l}
\psi(x, t) = \cos\theta + i\sin\theta = e^{i\theta} \\
\theta = \dfrac{px - \varepsilon t}{\hbar}
\end{array}\right\} \tag{1.18}
$$

とし，さらに，$\alpha = i(2m/\hbar)$ と置くと，求めたい式 (1.17) の形

$$
i\hbar \frac{\partial}{\partial t}\psi = -\frac{\hbar^2}{2m}\frac{\partial^2}{\partial x^2}\psi \tag{1.19}
$$

なる波動方程式が導かれる。確認のため，左辺と右辺を計算すると

左辺

$$
\begin{aligned}
i\hbar \frac{\partial}{\partial t}\psi &= i\hbar \frac{\partial}{\partial t}e^{i(px - \varepsilon t)/\hbar} \\
&= i\hbar \frac{-i\varepsilon}{\hbar}e^{i(px - \varepsilon t)/\hbar} = \varepsilon e^{i(px - \varepsilon t)/\hbar}
\end{aligned} \tag{1.20}
$$

右辺

$$
\begin{aligned}
-\frac{\hbar^2}{2m}\frac{\partial^2}{\partial x^2}\psi &= -\frac{\hbar^2}{2m}\frac{\partial^2}{\partial x^2}e^{i(px - \varepsilon t)/\hbar} \\
&= -\frac{\hbar^2}{2m}\left(\frac{ip}{\hbar}\right)^2 e^{i(px - \varepsilon t)/\hbar} = \frac{p^2}{2m}e^{i(px - \varepsilon t)/\hbar}
\end{aligned} \tag{1.21}
$$

よって，$\varepsilon = p^2/2m$ となり，確かに粒子性から導かれた式 (1.15) と同じ式になり，矛盾しなくなる。以上の議論は，力の働かない自由粒子の場合である。ここで，式 (1.21) の左辺と右辺を比較すると，$-(\hbar^2/2m)(\partial^2/\partial x^2)$ の項は，粒子の運動エネルギー $p^2/2m$ に対応している。そこで，ポテンシャルエネルギー $U(x)$（力の働く場）を運動する粒子に対しては

> **ワンポイント**
> $\varepsilon = \dfrac{p^2}{2m}$ $\cdots$ (1.15)

$$i\hbar \frac{\partial}{\partial t}\psi = \left[-\frac{\hbar^2}{2m}\frac{\partial^2}{\partial x^2}+U(x)\right]\psi \tag{1.22}$$

が成り立つと考える.この波動方程式を**時間に依存する**シュレーディンガー方程式と呼び,実際の問題に適用して正しい答が導かれており,正しいとみなされている.これを三次元で表すと

$$i\hbar \frac{\partial}{\partial t}\psi(x,y,z,t) = \left[-\frac{\hbar^2}{2m}\left(\frac{\partial^2}{\partial x^2}+\frac{\partial^2}{\partial y^2}+\frac{\partial^2}{\partial z^2}\right)+U(x,y,z)\right]\psi(x,y,z,t) \tag{1.22}'$$

となる.ここで,式 (1.22) の一つの特解として,$\psi(x,t)=\varphi(x)f(t)$ という積の形に書かれるものを考えてみる[2].式 (1.22) に代入すると

$$i\hbar \frac{\partial}{\partial t}\varphi(x)f(t) = \left[-\frac{\hbar^2}{2m}\frac{\partial^2}{\partial x^2}+U(x)\right]\varphi(x)f(t)$$

$$\rightarrow \frac{i\hbar \frac{\partial f(t)}{\partial t}\varphi(x)}{\varphi(x)f(t)} = \frac{\left[-\frac{\hbar^2}{2m}\frac{\partial^2 \varphi(x)}{\partial x^2}+U(x)\varphi(x)\right]f(t)}{\varphi(x)f(t)}$$

$$\rightarrow \frac{i\hbar \frac{\partial f(t)}{\partial t}}{f(t)} = \frac{\left[-\frac{\hbar^2}{2m}\frac{\partial^2 \varphi(x)}{\partial x^2}+U(x)\varphi(x)\right]}{\varphi(x)} = \varepsilon \tag{1.23}$$

と変形できる.ここで,左辺は t だけの関数,右辺は x だけの関数であり,互いに独立なので,定数とならなければならない.それを ε と置いた.すると

$$\frac{i\hbar \frac{\partial f(t)}{\partial t}}{f(t)} = \varepsilon$$

$$\therefore i\hbar \frac{\partial f(t)}{\partial t} = \varepsilon f(t) \tag{1.24}$$

また

$$\frac{\left[-\dfrac{\hbar^2}{2m}\dfrac{\partial^2 \varphi(x)}{\partial x^2}+U(x)\varphi(x)\right]}{\varphi(x)}=\varepsilon$$

$$\therefore \left[-\frac{\hbar^2}{2m}\frac{\partial^2}{\partial x^2}+U(x)\right]\varphi(x)=\varepsilon\varphi(x) \tag{1.25}$$

となる。式 (1.25) を**時間に依存しないシュレーディンガー方程式**と呼ぶ。これを三次元で表すと

$$\left[-\frac{\hbar^2}{2m}\left(\frac{\partial^2}{\partial x^2}+\frac{\partial^2}{\partial y^2}+\frac{\partial^2}{\partial z^2}\right)+U(x,y,z)\right]\psi(x,y,z)=\varepsilon\psi(x,y,z) \tag{1.25}'$$

となる。ここで、式 (1.24) は

$$i\hbar\frac{\partial f(t)}{\partial t}=\varepsilon f(t) \rightarrow \int\frac{1}{f(t)}df(t)=\frac{\varepsilon}{i\hbar}\int dt \rightarrow \ln f(t)=\ln e^{-i\frac{\varepsilon}{\hbar}t}\underbrace{e^C}_{\equiv D}$$

$$\therefore f(t)=De^{-i\frac{\varepsilon}{\hbar}t} \tag{1.26}$$

よって、波動方程式の特解は

$$\psi(x,t)=\varphi(x)e^{-i\frac{\varepsilon}{\hbar}t} \tag{1.27}$$

となる。ただし、任意定数 D は $\varphi(x)$ の任意定数に含めた。この式の $\varphi(x)$ を求めると、時間を含むシュレーディンガー方程式の解が決定する。そこで、時間を含まないシュレーディンガー方程式

$$\left[-\frac{\hbar^2}{2m}\frac{\partial^2}{\partial x^2}+U(x)\right]\varphi(x)=\varepsilon\varphi(x) \tag{1.28}$$

の一般解である波動関数 $\varphi(x)$ を求める。上式を変形すると

$$\frac{d^2}{dx^2}\varphi(x)+\frac{2m(\varepsilon-U(x))}{\hbar^2}\varphi(x)=0 \tag{1.29}$$

となる。

ここで、ポテンシャルエネルギー $U(x)$ が考えている領域で x に依存せず定数 $U(x)=U_0$ である場合、この式は定数係数斉次線形微分方程式と考えるこ

とができる。ここで，数学の公式を復習する。一般解は，判別式 D によって，以下のようになる。

定数係数斉次線形微分方程式

$$\frac{d^2u}{dx^2} + a\frac{du}{dx} + bu = 0 \quad (a, b \text{ は定数})$$

の一般解は，特性方程式 $\lambda^2 + a\lambda + b = 0$ の解に対応して，つぎの式で与えられる。ただし，C_1, C_2, C_3, C_4 は任意定数とする。

（1）判別式 $D = a^2 - 4b > 0$ のとき，異なる二つの実数解（実根）α, β を持つ。

$$\alpha, \beta = \frac{-a \pm \sqrt{a^2 - 4b}}{2} \text{ であるから，一般解は } u = C_1 e^{\alpha x} + C_2 e^{\beta x} \quad (\text{a})$$

（2）判別式 $D = a^2 - 4b = 0$ のとき，二重解（重根）α を持つ。

$$\alpha = -\frac{a}{2} \text{ であるから，一般解は，} u = (C_1 + C_2 x)e^{\alpha x} \quad (\text{b})$$

（3）判別式 $D = a^2 - 4b < 0$ のとき，異なる二つの虚数解（虚根）$p \pm qi$（p, q は実数）を持つ。

$$\alpha, \beta = p \pm iq = \frac{-a \pm \sqrt{a^2 - 4b}}{2} \text{ であるから，一般解は}$$

$$u = e^p(C_1 \cos qx + C_2 \sin qx) \quad (\text{c})$$

または

$$u = C_3 e^{(p+iq)x} + C_4 e^{(p-iq)x} \quad (\text{c}')$$

すると，式 (1.29) の特性方程式は

$$\lambda^2 + \frac{2m(\varepsilon - U_0)}{\hbar^2} = 0 \tag{1.30}$$

となる。判別式は

$$D = 0 - 4 \cdot 1 \cdot \frac{2m(\varepsilon - U_0)}{\hbar^2} = \frac{-8m(\varepsilon - U_0)}{\hbar^2}$$

となる。

（1）$\varepsilon - U_0 < 0$，つまり，$D > 0$ のとき，二つの実根

$$\alpha, \beta = \frac{\pm\sqrt{-4 \cdot 1 \cdot \frac{2m(\varepsilon - U_0)}{\hbar^2}}}{2}$$

$$= \pm\sqrt{\frac{-2m(\varepsilon - U_0)}{\hbar^2}}$$

を持つ。よって，一般解は，式（a）の形になり

$$u = C_1 e^{+\sqrt{\frac{-2m(\varepsilon - U_0)}{\hbar^2}}x} + C_2 e^{-\sqrt{\frac{-2m(\varepsilon - U_0)}{\hbar^2}}x} \tag{1.31}$$

となる。

（2）$\varepsilon - U_0 = 0$，つまり，$D=0$ のとき，重根 $\alpha = -a/2$ を持つ。いまの場合，$\alpha = -a/2 = 0$ であるので，一般解は，式（b）の形になり

$$\varphi(x) = (C_1 + C_2 x) \tag{1.32}$$

となる。

（3）$\varepsilon - U_0 > 0$，つまり，$D<0$ のとき，虚根

$$\pm iq = \frac{\pm\sqrt{-4 \cdot 1 \cdot \frac{2m(\varepsilon - U_0)}{\hbar^2}}}{2} = \pm i\sqrt{\frac{2m(\varepsilon - U_0)}{\hbar^2}}$$

を持つ。よって，一般解は，式（c），または式（c）′の形になり

$$\varphi(x) = C_1 \cos\sqrt{\frac{2m(\varepsilon - U_0)}{\hbar^2}}x + C_2 \sin\sqrt{\frac{2m(\varepsilon - U_0)}{\hbar^2}}x \tag{1.33}$$

または

$$\varphi(x) = C_3 e^{+i\sqrt{\frac{2m(\varepsilon - U_0)}{\hbar^2}}x} + C_4 e^{-i\sqrt{\frac{2m(\varepsilon - U_0)}{\hbar^2}}x} \tag{1.34}$$

となる。このように，時間に依存しないシュレーディンガー方程式の一般解は，ポテンシャルエネルギー $U(x)$ が x に依存せず一定であるとき，定数係数斉次線形微分方程式の一般解として求めることができる。

1.4 無限井戸型ポテンシャル中の粒子

シュレーディンガー方程式が正確に解ける簡単な問題である，無限井戸型ポテンシャル中に閉じ込められ束縛された電子について考える。まず初めに，ポテンシャルエネルギーについて復習する。力学で学んだように，地球による重力（力）が存在する空間（重力場）に質量 m の物体があるとき，その物体には，図1.1のように力 $\vec{F}=m\vec{g}$（$\vec{g}$ は重力加速度）が働く。その力に逆らって海面から高さ h にその物体を運んだとき，その物体は位置（ポテンシャル）エネルギー $U=mgh$ を持つ。つぎに，電界によるポテンシャルエネルギーを考える。原点Oに $+e$〔C〕の電荷があるとき，そこから $\vec{r}$ だけ離れた点Aには電界 $\vec{E}=(e/4\pi\varepsilon_0|\vec{r}|^2)(\vec{r}/|\vec{r}|)$（電荷に作用する力の場）が生じる。この点Aに $+e$〔C〕の

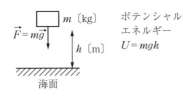

図1.1 重力場におけるポテンシャルエネルギー

電荷があるとき，クーロン力 $\vec{F}=e\vec{E}=(e^2/4\pi\varepsilon_0|\vec{r}|^2)(\vec{r}/|\vec{r}|)$ が働く。その力に逆らって無限遠点から点Aまで運んだとき，その電荷 $+e$〔C〕はポテンシャルエネルギー $U=(e^2/4\pi\varepsilon_0|\vec{r}|)$〔J〕を持つ†。ここで，点Aに正の電荷 $+e$〔C〕の代わりに $-e$〔C〕の電子を置くとき，その電子の持つポテンシャルエネルギーは

$$U = -\frac{e^2}{4\pi\varepsilon_0|\vec{r}|} \tag{1.35}$$

となり，負の値となる。正電荷の置かれた原点Oからの距離 $|\vec{r}|$ に対するポテンシャルエネルギー $U(r)$ の変化の様子を図1.2に示す。距離 r_0 の位置でのポテンシャルエネルギーを U_0 とする。すると距離 r_0 に電子が存在したと

---

† 点Aに $+e$〔C〕の代わりに $+1$ Cの単位電荷を置いた場合，そのポテンシャルエネルギーは $V=U/(+e)=e/4\pi\varepsilon_0|\vec{r}|$ であり，これが電位である。単位は〔J〕/〔C〕=〔V〕となる。

き，U_0以下のポテンシャルエネルギーを持つことはできない。つまり，ポテンシャルの壁（ポテンシャル障壁）があると考えることができる。

いま，水素原子のように，正電荷として陽子1個を含む原子核，負電荷として1個の電子を考え，原子中の電子のポテンシャルエネルギーの形を表したものが図1.2であるとみなせる。式 (1.35) のポテンシャルエネルギーをシュレーディンガー方程式 (1.25) のUに代入するこ

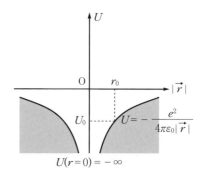

図1.2 原点$r=0$に$+e$〔C〕の電荷が，$r=r_0$に$-e$〔C〕が存在したときの，$-e$〔C〕の電荷のポテンシャルエネルギー$U(r)$の変化の様子

とで，水素原子中の電子の波動関数を求めることができる。しかし，ポテンシャルエネルギーは距離に対して$U \propto -1/|\vec{r}|$と変化するので計算は複雑になる。そこで，**図1.3**のように，$x \leq 0$，$x \geq a$で$U=\infty$，$0<x<a$で$U=0$となる無限井戸型ポテンシャルを考え，この中に電子が閉じ込められているモデルを考えれば，原子中の電子の状態の概略を知ることができる。つまり，原子中の電子の持つ

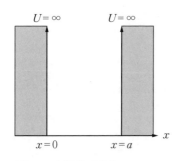

図1.3 無限井戸型ポテンシャル

ポテンシャルエネルギーUが距離に反比例するところを，距離に依存せず一定と単純化して考える。また，一次元とし距離を表すrをxに置き換えて考える。

それでは，無限井戸型ポテンシャル中の電子の波動関数，発見確率，そしてエネルギー固有値（電子の取り得るエネルギー）を求めていく。

$x \leq 0$，$x \geq a$の領域の波動関数を考える。この領域ではポテンシャルエネルギーが無限大なので，もし仮に，波動関数がこの領域で有限の値を持ってしまうと発見確率も有限になり，そこに存在している電子のポテンシャルエネル

ギーは無限大になってしまう。無限のエネルギーを持つことは不可能なので波動関数は0にならなければならない。したがって，ポテンシャルエネルギー $U=0$ の $0<x<a$ の領域のみ考えればよい。よって，シュレーディンガー方程式 (1.25) において，$U(x)=0$ と置く。すると，この領域のシュレーディンガー方程式は

> **ワンポイント**
> シュレーディンガー方程式
> $$\left(-\frac{\hbar^2}{2m}\frac{d^2}{dx^2}+U(x)\right)\varphi(x)=\varepsilon\varphi(x)$$
> …(1.25)

$$-\frac{\hbar^2}{2m}\frac{d^2}{dx^2}\varphi(x)=\varepsilon\varphi(x) \tag{1.36}$$

となる。ここで，1.3 節で用いた定数係数斉次線形微分方程式の一般解を求める方法に従って，この微分方程式の一般解を求める。特性方程式は

$$\lambda^2+\frac{2m\varepsilon}{\hbar^2}=0 \tag{1.37}$$

である。判別式 D は

$$D=-4\cdot 1\cdot\frac{2m\varepsilon}{\hbar^2}=-\frac{8m\varepsilon}{\hbar^2} \tag{1.38}$$

となり，エネルギー固有値の値の大きさ $\varepsilon>0$，$\varepsilon=0$，$\varepsilon<0$ によって，一般解は（＊）のように異なるので分けて考えていく。

> **ワンポイント**
> （＊）定数係数斉次線形微分方程式
> $\dfrac{d^2u}{dx^2}+a\dfrac{du}{dx}+bu=0$ の一般解は
> （1）実根　$u=C_1e^{\alpha x}+C_2e^{\beta x}$
> （2）重根　$u=(C_1+C_2x)e^{\alpha x}$
> （3）虚根　$u=e^p(C_1\cos qx$
> $\qquad\qquad +C_2\sin qx)$
> または
> $\qquad u=C_1e^{(p+iq)x}+C_2e^{(p-iq)x}$

（Ⅰ）$\varepsilon<0$（つまり，$D>0$ の実根）のとき

$$\alpha,\beta=\frac{\pm\sqrt{-\dfrac{8m\varepsilon}{\hbar^2}}}{2\cdot 1}=\pm\sqrt{-\frac{2m\varepsilon}{\hbar^2}} \tag{1.39}$$

より，微分方程式 (1.36) の一般解は

$$\varphi(x)=C_1e^{+\sqrt{-\frac{2m\varepsilon}{\hbar^2}}\cdot x}+C_2e^{-\sqrt{-\frac{2m\varepsilon}{\hbar^2}}\cdot x} \tag{1.40}$$

となる。境界条件 $\varphi(x=0)=\varphi(x=a)=0$ より $x=0$ で波動関数は0にならなけ

ればならないので，つぎのようになる。

$$\varphi(x=0) = C_1 e^{+\sqrt{-\frac{2m\varepsilon}{\hbar^2}}\cdot 0} + C_2 e^{-\sqrt{-\frac{2m\varepsilon}{\hbar^2}}\cdot 0} = C_1 + C_2 = 0 \to \therefore C_1 = -C_2$$
(1.41)

よって

$$\varphi(x) = C_1 e^{\sqrt{-\frac{2m\varepsilon}{\hbar^2}}\cdot x} - C_1 e^{-\sqrt{-\frac{2m\varepsilon}{\hbar^2}}\cdot x} = C_1 \left(e^{\sqrt{-\frac{2m\varepsilon}{\hbar^2}}\cdot x} - e^{-\sqrt{-\frac{2m\varepsilon}{\hbar^2}}\cdot x} \right)$$

$$= C_1 2\sinh\sqrt{-\frac{2m\varepsilon}{\hbar^2}}\cdot x$$
(1.42)

となる。$\sinh x$ の関数の形は**図1.4**のように変化する。もう一つの境界条件，$x=a$ で波動関数は $\varphi(x=a)=0$ にならなければならないが，$\sinh x$ が0となるのは原点のみである。つまり，境界条件を満足できないので，この形の一般解は，波動関数とはなり得ない。

（Ⅱ）$\varepsilon=0$（つまり，$D=0$ の重根）のとき

$\alpha=0$ より，一般解は

$$\varphi(x) = C_1 + C_2 x$$
(1.43)

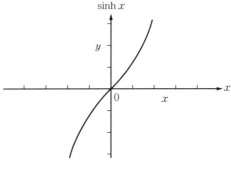

図1.4　関数 $\sinh x$

境界条件 $\varphi(x=0)=0$ より

$$C_1 = 0 \to \therefore \varphi(x) = C_2 x$$
(1.44)

となる。つまり，この場合も，$\varphi(x=a)=0$ とならず，$x=a$ における境界条件を満足しない。よって，この形の一般解も波動関数とはなり得ない。

（Ⅲ）$\varepsilon>0$（つまり，$D<0$ の虚根）のとき

$$\alpha, \beta = p \pm iq = \frac{\pm\sqrt{-\frac{8m\varepsilon}{\hbar^2}}}{2\cdot 1} = \pm i\sqrt{\frac{2m\varepsilon}{\hbar^2}}$$
(1.45)

より，一般解は

$$\varphi(x) = C_1 \cos\sqrt{\frac{2m\varepsilon}{\hbar^2}} \cdot x + C_2 \sin\sqrt{\frac{2m\varepsilon}{\hbar^2}} \cdot x \tag{1.46}$$

または

$$\varphi(x) = C_1 e^{+i\sqrt{\frac{2m\varepsilon}{\hbar^2}} \cdot x} + C_2 e^{-i\sqrt{\frac{2m\varepsilon}{\hbar^2}} \cdot x} \tag{1.47}$$

となる。一般に，井戸の中に閉じ込められているような場合は，$\sin\alpha x$, $\cos\alpha x$ を使う場合が多いので，それに従い，式 (1.46) を使用する。凸型ポテンシャルやステップ状ポテンシャル中を進む進行波を扱う場合には，$e^{i\alpha x}$ など指数関数で表された波動関数が採用される。

境界条件 $\varphi(x=0) = 0$ より

$$\varphi(x=0) = C_1 \cos\sqrt{\frac{2m\varepsilon}{\hbar^2}} \cdot 0 + C_2 \sin\sqrt{\frac{2m\varepsilon}{\hbar^2}} \cdot 0 = C_1 = 0 \tag{1.48}$$

となる。よって

$$\varphi(x) = C_2 \sin\sqrt{\frac{2m\varepsilon}{\hbar^2}} \cdot x \tag{1.49}$$

となる。もう一つの境界条件 $\varphi(x=a) = 0$ より

$$\varphi(x=a) = C_2 \sin\sqrt{\frac{2m\varepsilon}{\hbar^2}} \cdot a = 0 \rightarrow C_2 = 0 \text{ または } \sin\sqrt{\frac{2m\varepsilon}{\hbar^2}} \cdot a = 0 \tag{1.50}$$

となる。$C_2 = 0$ では，波動関数が 0 になってしまうので

$$\sqrt{\frac{2m\varepsilon}{\hbar^2}} \cdot a = n\pi \quad (n = 0, \pm 1, \pm 2, \pm 3, \cdots) \tag{1.51}$$

という条件が課される。n を**量子数**という。ここは非常に重要なポイントである。境界条件を満足させるために初めて量子数 n が現れ，連続的ではなく，飛び飛びの離散的な整数の値しか取り得ない，という条件が現れた瞬間である。実験で明らかになっているように，原子中の電子のエネルギー固有値は離

散的になるが，この実験事実を説明する理論式が表された瞬間である。

ここで，量子数 n について考えてみる。$n=0$ の場合は

$$\sqrt{\frac{2m\varepsilon}{\hbar^2}} \cdot a = 0 \cdot \pi = 0 \tag{1.52}$$

となり，m は粒子の質量，$\hbar = h/2\pi$ であり，h はプランク定数，井戸の幅 a は 0 ではないので，$\varepsilon = 0$ が要求される。しかし，ここでは $\varepsilon > 0$ の虚根の場合を考えているので，矛盾することになる。よって，$n=0$ は含まれないことになる。つまり

$$n = \pm 1, \ \pm 2, \ \pm 3, \ \cdots \tag{1.53}$$

となる。式 (1.51) より

$$\sqrt{\frac{2m\varepsilon}{\hbar^2}} = \frac{n\pi}{a} \rightarrow \therefore \ \varphi(x) = C_2 \sin\sqrt{\frac{2m\varepsilon}{\hbar^2}} \cdot x = C_2 \sin\frac{n\pi}{a} \cdot x \tag{1.54}$$

である。ここで，量子数 n が正のときと負のときに分けて考えてみる。

$n = +1, +2, +3, \cdots$ の場合の波動関数は

$$n=1 \quad \text{のとき} \quad \varphi(x) = C_2 \sin\frac{1\pi}{a} \cdot x \tag{1.55 a}$$

$$n=2 \quad \text{のとき} \quad \varphi(x) = C_2 \sin\frac{2\pi}{a} \cdot x \tag{1.55 b}$$

となる。

$n = -1, -2, -3, \cdots$ の場合の波動関数は

$$n=-1 \text{のとき} \quad \varphi(x) = C_2 \sin\frac{-1\pi}{a} \cdot x = -C_2 \sin\frac{1\pi}{a} \cdot x \tag{1.56 a}$$

$$n=-2 \text{のとき} \quad \varphi(x) = C_2 \sin\frac{-2\pi}{a} \cdot x = -C_2 \sin\frac{2\pi}{a} \cdot x \tag{1.56 b}$$

となり，n が正の場合の波動関数の振幅にマイナスが付いた形になる。波動関数の意味はいまだに明確に理解されているわけではなく，また，式 (1.18) で示したように，波動関数は複素数なので，物理空間で観測することはできない。観測できないという視点でみると，波動関数自体には物理的な意味はなく，観測に関わる発見確率，つまり，粒子の位置を観測したときに，位置 x

にいる粒子を発見する確率を表す波動関数の絶対値の 2 乗 $|\varphi(x)|^2 = \varphi(x)\varphi^*(x)$（ただし，$\varphi^*(x)$ は $\varphi(x)$ の共役複素数）や，物理量の期待値などを計算する場合のみ，物理的意味が発生する．つまり，$|\varphi(x)|^2 = \varphi(x)\varphi^*(x)$ のような発見確率などは，波動関数の振幅の正・負によって変わるわけではなく同じ値を示す．つまり，$n = 1, 2, 3, \cdots$ の場合と $n = -1, -2, -3, \cdots$ の場合の波動関数を用いて発見確率などを計算した場合，まったく同じ形になるので，n の正負のうち片方だけで代表させてかまわない．わざわざ，負符号を付けるのも面倒なので，代表として正符号で表すことにする．したがって，波動関数を

$$\varphi(x) = C_2 \sin\sqrt{\frac{2m\varepsilon}{\hbar^2}} \cdot x = C_2 \sin\frac{n\pi}{a} \cdot x \quad (n = 1, 2, 3, \cdots) \tag{1.57}$$

とする．この波動関数には，任意定数が付いているので，**規格化（正規化）**し消去する．規格化とは，考えている領域（いまの場合は，電子は $0 < x < a$ の領域にのみ存在している）で発見確率を足し合わせたものは 1 になる（確率の和は 1 なので）．つまり

$$\int_0^a |\varphi(x)|^2 dx = 1 \tag{1.58}$$

> **ワンポイント**
> 半角公式
> $\sin^2 \alpha = \dfrac{1 - \cos 2\alpha}{2}$ …①

を計算することで，任意定数を決めることができる．つまり

$$\begin{aligned}
\int_0^a |\varphi(x)|^2 dx &= \int_0^a \left|C_2 \sin\frac{n\pi}{a} \cdot x\right|^2 dx = \int_0^a |C_2|^2 \left|\sin\frac{n\pi}{a} \cdot x\right|^2 dx \\
&= |C_2|^2 \int_0^a \overbrace{\sin^2 \frac{n\pi}{a} \cdot x}^{\text{①}} dx = |C_2|^2 \int_0^a \frac{1}{2}\left(1 - \cos\frac{2n\pi}{a} \cdot x\right) dx \\
&= \frac{|C_2|^2}{2}\left[x - \frac{a}{2n\pi}\sin\frac{2n\pi}{a} \cdot x\right]_0^a = \frac{|C_2|^2}{2}\left(a - \frac{a}{2n\pi}\sin\frac{2n\pi}{\not{a}} \cdot \not{a}\right) \\
&= \frac{|C_2|^2}{2} a = 1 \quad \therefore |C_2|^2 = \frac{2}{a}
\end{aligned} \tag{1.59}$$

となる．よって

1.4 無限井戸型ポテンシャル中の粒子

$$|C_2|^2 = |C_2||C_2| = \frac{2}{a} \rightarrow |C_2| = \sqrt{\frac{2}{a}}$$

$$\therefore C_2 = \pm\sqrt{\frac{2}{a}} \tag{1.60a}$$

または

$$\therefore C_2 = \pm i\sqrt{\frac{2}{a}} \tag{1.60b}$$

である。なぜなら

$$|C_2| = \left|0 + i\sqrt{\frac{2}{a}}\right| = \sqrt{0^2 + \left(\sqrt{\frac{2}{a}}\right)^2} = \sqrt{\frac{2}{a}}$$

となるからである。

任意定数は実数でも虚数でもどちらでも数学上はかまわない。もちろん，正でも負でもどちらでもよい。一般的には実数で表されることが多いので，実数を選ぶと波動関数は

$$\varphi(x) = \sqrt{\frac{2}{a}}\sin\sqrt{\frac{2m\varepsilon}{\hbar^2}}\cdot x = \sqrt{\frac{2}{a}}\sin\frac{n\pi}{a}\cdot x \quad (n=1, 2, 3, \cdots) \tag{1.61}$$

と表される。この波動関数 $\varphi(x)$ の形を図 1.5 に，発見確率 $|\varphi(x)|^2$ の形を図 1.6 に示す。

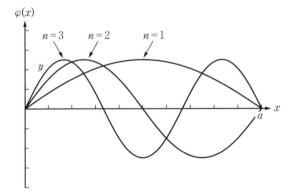

図 1.5　波動関数 $\varphi(x)$ の形

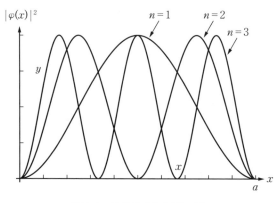

図 1.6 発見確率 $|\varphi(x)|^2$ の形

電子は粒子であり波でもある,という二重性を持っているが,波を表す波動関数により電子の性質は表される,という意味で電子は波であるといえる。また,電子の位置を測定すると1個の粒子として観測されるので,電子は粒子である。正確に述べると,観測前は多くの場合はポテンシャルエネルギーに閉じ込められていないので,広がった波であるが,観測の際のプローブとの相互作用が局所的なので,空間的に局所的なポテンシャルエネルギーが生じ,電子の波動関数がそれによって閉じ込められ波束（粒子のように）となっているのである。しかし,ここでは簡単のため粒子と表現する。観測行為による粒子としての顕在化の解釈として以下のものが考えられている。つまり,図 1.6 の発見確率の分布のように,電子を観測する前は井戸の中のさまざまな場所に同時に存在（共存）し,観測するとある一点の位置に発見され,顕在化する。この現象の代表的な解釈を二つ挙げる。一つは,**コペンハーゲン解釈**と呼ばれ,シュレーディンガー方程式と**波束の収縮**（**射影仮説**,**収縮仮説**）を原理とするものである。収縮とは広がっていた波動関数が観測により観測点に収縮されるというものである。しかし,なぜ,収縮するのか,その理由はいまだ明らかになっていない[4]。また,光速度を超えて収縮することになるが,現在も波動関数が何なのかわからないので,物体の運動のように光速度を超えてはいけないものなのかわかっていないので,相対性理論に反しているのかどうか議論すること

1.4 無限井戸型ポテンシャル中の粒子

は難しい。これに対し，原理をシュレーディンガー方程式のみとする**多世界解釈**がある。広がっている波動関数，つまり，その広がりの中に共存している電子のうち，ある点に存在している電子を観測した場合，その点に電子が存在する世界に観測者も存在する。他の位置に存在している電子を観測した観測者の存在する世界もある。つまり，多世界が同時に存在しているという考え方である。しかし，多世界が共存しているということは，いまの常識では納得することは難しいと思われている。ほかにも，さまざまな解釈が考えられているが，どれが正しいのか，未解決な問題として残っている。

つぎに，図 1.6 に示した $n=1, 2, 3$ のような発見確率を持つ電子のエネルギー固有値（電子の取り得るエネルギー）を計算してみよう。シュレーディンガー方程式は ① であったので，波動関数式 (1.61) を左辺に代入すると

> **ワンポイント**
> シュレーディンガー方程式
> $$-\frac{\hbar^2}{2m}\frac{d^2}{dx^2}\varphi(x)=\varepsilon\varphi(x) \quad \cdots ①$$
> 式 ① に，求まった波動関数 $\varphi(x)$ を代入すると，粒子の取り得るエネルギー（エネルギー固有値）が求まる。

$$\begin{aligned}
-\frac{\hbar^2}{2m}\frac{d^2}{dx^2}\varphi(x) &= -\frac{\hbar^2}{2m}\frac{d^2}{dx^2}\sqrt{\frac{2}{a}}\sin\frac{n\pi}{a}\cdot x \\
&= -\frac{\hbar^2}{2m}\frac{d}{dx}\sqrt{\frac{2}{a}}\frac{n\pi}{a}\cos\frac{n\pi}{a}\cdot x \\
&= \frac{\hbar^2}{2m}\left(\frac{n\pi}{a}\right)^2\underbrace{\sqrt{\frac{2}{a}}\sin\frac{n\pi}{a}\cdot x}_{=\varphi(x)} \\
&= \frac{\hbar^2}{2m}\left(\frac{n\pi}{a}\right)^2\varphi(x)=\varepsilon\varphi(x)
\end{aligned} \quad (1.62)$$

となる。したがって，エネルギー固有値 ε は

$$\varepsilon=\frac{\hbar^2}{2m}\left(\frac{n\pi}{a}\right)^2 \quad (n=1, 2, 3, \cdots) \quad (1.63)$$

と表される。**図 1.7** に離散的なエネルギー固有値を示す。この図を見ると，a の小さな狭い井戸の中に閉じ込められた電子のエネルギーは連続的な値を自由に取れるわけではなく，境界条件から要請された $n=1, 2, 3, \cdots$ で規定される，離散的（飛び飛び）のエネルギーしか取り得ないことがわかる。

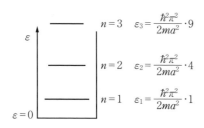

図 1.7 離散的なエネルギー固有値

以上のことを，水素原子に当てはめて考えると，原子核中の陽子の電荷によるクーロン力によって閉じ込められた原子中の電子のエネルギーは，離散的な飛び飛びのエネルギーを持つことが以上のことから予測される。実際，実験により水素中の電子のエネルギーの離散性が確認されており，このような単純な無限井戸型ポテンシャルのモデルによって，原子などミクロの世界の現象を厳密ではないが理解できる。

1.5 有限井戸型ポテンシャル中の粒子

電荷 $+e$ 〔C〕の二つの粒子が作り出す電界における，$-e$ 〔C〕の電荷の持つポテンシャルエネルギーを考える。いま，図 1.8（a）のように，$x=0$ と $x=a$ に $+e$ 〔C〕の電荷が置かれているとする。$x=x$ における $-e$ 〔C〕の電荷のポテンシャルエネルギーは

$$U = -\frac{e^2}{4\pi\varepsilon_0}\left(\frac{1}{|x|} + \frac{1}{|x-a|}\right) \tag{1.64}$$

となる。ポテンシャルエネルギーは，$+e$ 〔C〕の電荷からの距離に依存する

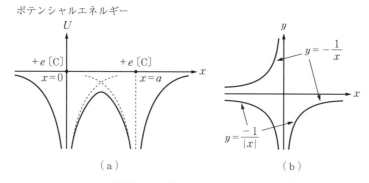

図 1.8 電荷によるポテンシャルエネルギーの形

ので，絶対値を付けてある。関数

$$y = -\frac{1}{|x|} \tag{1.65}$$

の形を図 1.8（b）に示す。ポテンシャルエネルギーはスカラ量であり，重ね合わせの原理が成り立つ。つまり，図 1.8（a）のように，$-e$〔C〕の持つポテンシャルエネルギーは，単に $x=0$ と $x=a$ に置かれた $+e$〔C〕の作り出すポテンシャルエネルギーを，足し合わせたものとなる。6 個の $+e$〔C〕の正電荷がある場合は，**図 1.9** のようになる。

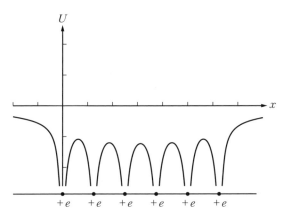

図 1.9 6 個の $+e$〔C〕があるときのポテンシャルエネルギーの形

図 1.10 に示すように，原子が凝集し固体になったときの電子のポテンシャルエネルギーを考える。図（a）のように，1 個の正イオンによる電子のポテンシャルエネルギーは $-1/|x|$ に比例して，距離の増加とともに増加する。しかし，二つの正イオンが隣接していた場合，イオン 1 によるポテンシャルエネルギーは，イオン 2 に近付いてくると，それによるポテンシャルエネルギーは $-\infty$ まで小さくなるので，図（b）のようにイオン 1 のものも小さくなる。その結果，図（c）のように，隣り合ったイオンの間には有限のポテンシャル障壁が生じ，隣のイオンが存在しない表面では，$-\infty$ までポテンシャルエネルギーを下げるイオンは存在しないので，障壁は高いままになる。これが，仕事

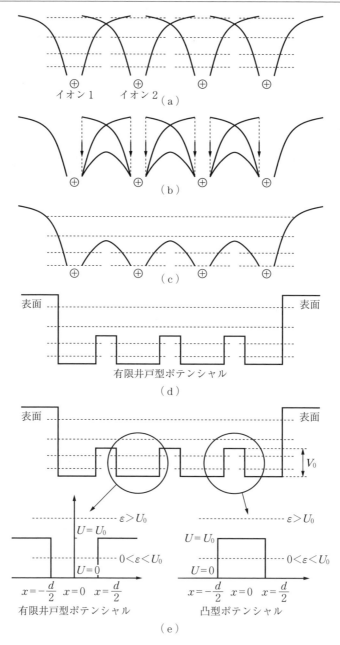

図 1.10 結晶中の周期ポテンシャルエネルギーを単純化したモデル

1.5 有限井戸型ポテンシャル中の粒子

関数を作り出す。この障壁の形では計算が複雑になるため，図(d)のような有限井戸型ポテンシャルが周期的に現れると単純化して，固体の電子状態を考えることもできる。さらに，図(e)のように，周期ポテンシャル障壁の高さ U_0 よりエネルギー固有値 ε が大きい場合と，小さい場合とで，シュレーディンガー方程式の波動関数も異なってくる。

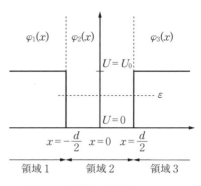

図1.11　有限井戸型ポテンシャル

実際の結晶の電子状態を知るための最も基本となるモデルが有限井戸型ポテンシャル中の粒子である。そこで，**図1.11** に示すようなポテンシャルの中に閉じ込められた粒子を考える。つまり，$U_0 > \varepsilon > 0$ が成り立つ場合を考える。

a) $-d/2 < x < d/2$ の領域のシュレーディンガー方程式は

$$-\frac{\hbar^2}{2m}\frac{d^2}{dx^2}\varphi_2(x) = \varepsilon\varphi_2(x) \rightarrow \frac{d^2}{dx^2}\varphi_2(x) + \frac{2m\varepsilon}{\hbar^2}\varphi_2(x) = 0 \tag{1.66}$$

特性方程式は，$\lambda^2 + 2m\varepsilon/\hbar^2 = 0$，判別式は

$$D = -4 \cdot 1 \cdot \frac{2m\overset{\varepsilon>0}{\varepsilon}}{\hbar^2} < 0 \tag{1.67}$$

となる。つまり，虚根となる。したがって

$$p \pm iq = \frac{\pm\sqrt{-4 \cdot 1 \cdot \frac{2m\varepsilon}{\hbar^2}}}{2 \cdot 1}$$

$$= \pm i\sqrt{\frac{2m\varepsilon}{\hbar^2}} = \pm ik \tag{1.68}$$

> **ワンポイント**
> 定数係数斉次線形微分方程式
> $\frac{d^2u}{dx^2} + a\frac{du}{dx} + bu = 0$ の一般解は
> (1) 実根　$u = C_1 e^{\alpha x} + C_2 e^{\beta x}$
> (2) 重根　$u = (C_1 + C_2)x)e^{\alpha x}$
> (3) 虚根　$\begin{cases} u = e^p(C_1 \cos qx \\ \qquad + C_2 \sin qx) \\ \text{または} \\ u = C_1 e^{(p+iq)x} \\ \qquad + C_2 e^{(p-iq)x} \end{cases}$

となる。よって，一般解は

$$\varphi_2(x) = A\sin kx + B\cos kx \tag{1.69}$$

となる。
　b) $-d/2 \geqq x$, $d/2 \leqq x$ の領域のシュレーディンガー方程式は

$$\left\{-\frac{\hbar^2}{2m}\frac{d^2}{dx^2}+U_0\right\}\varphi_{1,3}(x)=\varepsilon\varphi_{1,3}(x)$$

$$\rightarrow \frac{d^2}{dx^2}\varphi_{1,3}(x)+\frac{2m(\varepsilon-U_0)}{\hbar^2}\varphi_{1,3}(x)=0 \tag{1.70}$$

特性方程式は

$$\lambda^2+\frac{2m(\varepsilon-U_0)}{\hbar^2}=0 \tag{1.71}$$

判別式は

$$D=-4\cdot 1\cdot \frac{2m\overbrace{(\varepsilon-U_0)}^{<0}}{\hbar^2}>0 \tag{1.72}$$

となる。つまり，実根になる。したがって

$$\lambda=\frac{\pm\sqrt{-4\cdot 1\cdot \frac{2m(\varepsilon-U_0)}{\hbar^2}}}{2\cdot 1}=\pm\sqrt{\frac{2m(U_0-\varepsilon)}{\hbar^2}}=\pm\beta \tag{1.73}$$

となる。よって，一般解は

$$\varphi_1(x)=De^{\beta x}+D'e^{-\beta x} \tag{1.74a}$$

$$\varphi_3(x)=C'e^{\beta x}+Ce^{-\beta x} \tag{1.74b}$$

となる。井戸の中に閉じ込められているので $x \rightarrow \pm\infty$ で波動関数は0，つまり

$$\varphi_1(x)|_{x=-\infty}=0 \tag{1.75a}$$

$$\varphi_3(x)|_{x=\infty}=0 \tag{1.75b}$$

でなければならない。e^x と e^{-x} の関数は，**図1.12** のように変化するので，もし，$\varphi_3(x)=C'e^{\beta x}+Ce^{-\beta x}$ ならば，$x\rightarrow\infty$ で波動関数は無限大となってしまい，発見確率 $|\varphi(x)|^2$ も無限大，つまり確率は1以上になり数学的に矛盾する。よって，以下の条件が課される。$x\leqq-d/2$ の領域1では，$\varphi_1(x)|_{x=-\infty}=0$ より式(1.74a)において $D'=0$ でなければならない。なぜなら，右辺第2項の $e^{-\beta x}$

は，$x \to -\infty$の減少とともに∞に増加する関数であり，0にならないからである。よって，領域1の波動関数は

$$\varphi_1(x) = De^{\beta x} \quad (1.76)$$

である。

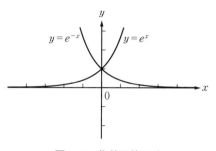

図1.12 指数関数の形

$x \geq d/2$の領域3の波動関数は，$\varphi_3(x)|_{x=\infty} = 0$ より式（1.74 b）において $C' = 0$ でなければならない。なぜなら，右辺第1項の $e^{\beta x}$ は，$x \to \infty$の増加とともに∞に増加する関数であり，0にならないからである。よって，領域3の波動関数は

$$\varphi_3(x) = Ce^{-\beta x} \quad (1.77)$$

である。以上をまとめると，各領域の波動関数は

$$x \leq -\frac{d}{2} \text{ のとき } \varphi_1(x) = De^{\beta x} \quad (1.76)$$

$$-\frac{d}{2} < x < \frac{d}{2} \text{ のとき } \varphi_2(x) = A\sin kx + B\cos kx \quad (1.69)$$

$$x \geq \frac{d}{2} \text{ のとき } \varphi_3(x) = Ce^{-\beta x} \quad (1.77)$$

となる。ここで，波動関数は座標に関して滑らかな連続関数でなければならないという境界条件があるので，それを用いる。つまり，波動関数が境界で同じ値

$$\varphi_1\left(-\frac{d}{2}\right) = \varphi_2\left(-\frac{d}{2}\right) \quad \text{および} \quad \varphi_2\left(\frac{d}{2}\right) = \varphi_3\left(\frac{d}{2}\right) \quad (1.78)$$

かつ，波動関数の傾き，つまり，微分したものが境界の両側で同じ値

$$\varphi_1'\left(-\frac{d}{2}\right) = \varphi_2'\left(-\frac{d}{2}\right) \quad \text{および} \quad \varphi_2'\left(\frac{d}{2}\right) = \varphi_3'\left(\frac{d}{2}\right) \quad (1.79)$$

という量子力学の条件より

$$\varphi_1\left(-\frac{d}{2}\right)=\varphi_2\left(-\frac{d}{2}\right) \to De^{-\frac{d}{2}\beta}=A\sin\left(-\frac{d}{2}k\right)+B\cos\left(-\frac{d}{2}k\right)$$

$$\therefore De^{-\frac{d}{2}\beta}=-A\sin\left(\frac{d}{2}k\right)+B\cos\left(\frac{d}{2}k\right) \tag{1.80}$$

$$\varphi_1{}'\left(-\frac{d}{2}\right)=\varphi_2{}'\left(-\frac{d}{2}\right) \to D\beta e^{-\frac{d}{2}\beta}=Ak\cos\left(-\frac{d}{2}k\right)-Bk\sin\left(-\frac{d}{2}k\right)$$

$$\therefore D\beta e^{-\frac{d}{2}\beta}=Ak\cos\left(\frac{d}{2}k\right)+Bk\sin\left(\frac{d}{2}k\right) \tag{1.81}$$

> **ワンポイント**
> $\cos(-k)=\cos(k)$
> $\sin(-k)=-\sin(k)$

$$\varphi_2\left(\frac{d}{2}\right)=\varphi_3\left(\frac{d}{2}\right) \to \therefore A\sin\left(\frac{d}{2}k\right)+B\cos\left(\frac{d}{2}k\right)=Ce^{-\frac{d}{2}\beta} \tag{1.82}$$

$$\varphi_2{}'\left(\frac{d}{2}\right)=\varphi_3{}'\left(\frac{d}{2}\right) \to \therefore Ak\cos\left(\frac{d}{2}k\right)-Bk\sin\left(\frac{d}{2}k\right)=-C\beta e^{-\frac{d}{2}\beta} \tag{1.83}$$

でなければならない。式 (1.82) / (1.83) より C を消去すると

$$\frac{A\sin\left(\frac{d}{2}k\right)+B\cos\left(\frac{d}{2}k\right)}{Ak\cos\left(\frac{d}{2}k\right)-Bk\sin\left(\frac{d}{2}k\right)}=-\frac{1}{\beta}$$

$$A\beta\sin\left(\frac{d}{2}k\right)+B\beta\cos\left(\frac{d}{2}k\right)=-Ak\cos\left(\frac{d}{2}k\right)+Bk\sin\left(\frac{d}{2}k\right)$$

$$\therefore A\left\{\beta\sin\left(\frac{d}{2}k\right)+k\cos\left(\frac{d}{2}k\right)\right\}-B\left\{-\beta\cos\left(\frac{d}{2}k\right)+k\sin\left(\frac{d}{2}k\right)\right\}=0 \tag{1.84}$$

また，式 (1.80) / (1.81) より D を消去すると

$$\frac{-A\sin\left(\frac{d}{2}k\right)+B\cos\left(\frac{d}{2}k\right)}{Ak\cos\left(\frac{d}{2}k\right)+Bk\sin\left(\frac{d}{2}k\right)}=\frac{1}{\beta}$$

$$-A\beta\sin\left(\frac{d}{2}k\right)+B\beta\cos\left(\frac{d}{2}k\right)=Ak\cos\left(\frac{d}{2}k\right)+Bk\sin\left(\frac{d}{2}k\right)$$

$$\therefore A\left\{\beta\sin\left(\frac{d}{2}k\right)+k\cos\left(\frac{d}{2}k\right)\right\}+B\left\{-\beta\cos\left(\frac{d}{2}k\right)+k\sin\left(\frac{d}{2}k\right)\right\}=0 \tag{1.85}$$

1.5 有限井戸型ポテンシャル中の粒子

$$\text{式 (1.84)} + \text{(1.85)} \rightarrow 2A\left\{\beta\sin\left(\frac{d}{2}k\right) + k\cos\left(\frac{d}{2}k\right)\right\} = 0 \tag{1.86}$$

$$\text{式 (1.85)} - \text{(1.84)} \rightarrow 2B\left\{k\sin\left(\frac{d}{2}k\right) - \beta\cos\left(\frac{d}{2}k\right)\right\} = 0 \tag{1.87}$$

となる。ここで，式 (1.86) より，$A \neq 0$ のとき

$$\beta\sin\left(\frac{d}{2}k\right) + k\cos\left(\frac{d}{2}k\right) = 0$$

$$\therefore \beta = -k\frac{\cos\left(\frac{d}{2}k\right)}{\sin\left(\frac{d}{2}k\right)} = -k\cot\left(\frac{d}{2}k\right) \tag{1.88}$$

でなければならない。これを，式 (1.87) に代入すると

$$B\left\{k\sin\left(\frac{d}{2}k\right) + k\cot\left(\frac{d}{2}k\right)\cos\left(\frac{d}{2}k\right)\right\} = 0$$

$$B\left\{k\sin\left(\frac{d}{2}k\right) + k\frac{\cos^2\left(\frac{d}{2}k\right)}{\sin\left(\frac{d}{2}k\right)}\right\} = 0$$

$$Bk\left\{\overbrace{\sin^2\left(\frac{d}{2}k\right) + \cos^2\left(\frac{d}{2}k\right)}^{=1}\right\} = 0 \rightarrow \therefore B = 0 \tag{1.89}$$

$$\text{式 (1.80)} + \text{(1.82)} \rightarrow De^{-\frac{d}{2}\beta} + Ce^{-\frac{d}{2}\beta} = 0 \rightarrow \therefore D = -C \tag{1.90}$$

同様にして，式 (1.87) において $B \neq 0$ のときを計算すると

$$\beta = k\tan\left(\frac{d}{2}k\right) \tag{1.91}$$

$$A = 0 \tag{1.92}$$

$$D = C \tag{1.93}$$

となる。以上をまとめると，波動関数は

$A \neq 0$ のとき

$$\beta = -k\cot\left(\frac{d}{2}k\right) \tag{1.88}$$

$$\begin{cases} \varphi_1(X) = -Ce^{\beta x} & (1.94) \\ \varphi_2(X) = A\sin kx & (1.95) \\ \varphi_3(X) = Ce^{-\beta x} & (1.96) \end{cases}$$

$B \neq 0$ のとき

$$\beta = k\tan\left(\frac{d}{2}k\right) \tag{1.91}$$

$$\begin{cases} \varphi_1(X) = Ce^{\beta x} & (1.97) \\ \varphi_2(X) = B\cos kx & (1.98) \\ \varphi_3(X) = Ce^{-\beta x} & (1.99) \end{cases}$$

となる。

つぎに,エネルギー固有値を求める。式 (1.68),(1.73) より

$$k = \sqrt{\frac{2m\varepsilon}{\hbar^2}} \rightarrow \therefore \varepsilon = \frac{\hbar^2 k^2}{2m}$$

$$\beta = \sqrt{\frac{2m(U_0 - \varepsilon)}{\hbar^2}} \rightarrow \therefore \varepsilon = -\frac{\hbar^2 \beta^2}{2m} + U_0$$

となる。エネルギー固有値 ε は,どの領域でも等しいので

$$\frac{\hbar^2 k^2}{2m} = -\frac{\hbar^2 \beta^2}{2m} + U_0 \rightarrow \therefore \left(\frac{d}{2}\right)^2 k^2 + \left(\frac{d}{2}\right)^2 \beta^2 = \frac{md^2 U_0}{2\hbar^2} = \left(\sqrt{\frac{md^2 U_0}{2\hbar^2}}\right)^2 \tag{1.100}$$

でなければならない。x 軸を $(d/2)k$,y 軸を $(d/2)\beta$ としたとき,式 (1.100) は半径 $\sqrt{(md^2 U_0/2\hbar^2)}$ の円を表す関数である。また,先の式 (1.88),(1.91) の両辺に $d/2$ を掛けると

1.5 有限井戸型ポテンシャル中の粒子

$A \neq 0$ のとき

$$\frac{d}{2}\beta = -\frac{d}{2}k\cot\left(\frac{d}{2}k\right) \tag{1.101}$$

または

$B \neq 0$ のとき

$$\frac{d}{2}\beta = \frac{d}{2}k\tan\left(\frac{d}{2}k\right) \tag{1.102}$$

となる．つまり，式 (1.100) を満足し，かつ，式 (1.101) を満足しなければならない．または，同様に，式 (1.100) を満足し，かつ，式 (1.102) を満足しなければならない．以下に述べるように，式 (1.100) と式 (1.102) の交点が，二つの式を同時に満足する点となる．これは，無限井戸型ポテンシャルの場合に，$n = 1, 2, 3, \cdots$ と量子化されたのと同様に，量子化されることを意味する．式 (1.100) 〜 (1.102) の関数を**図 1.13** に示す．式 (1.102) と円 (式 (1.100)) との交点から横軸に垂線を下ろし交点を η とすると，横軸は $(d/2)k$ なので

$$\frac{d}{2}k = \eta \xrightarrow{\text{式 (1.68)}} \left(\frac{d}{2}\sqrt{\frac{2m\varepsilon}{\hbar^2}}\right)^2 = \eta^2 \rightarrow \therefore \varepsilon = \frac{2\hbar^2}{md^2}\eta^2 \tag{1.103}$$

となる．これが，エネルギー固有値である．よって，η の値を式 (1.103) に代

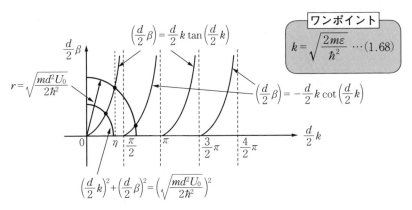

図 1.13 有限井戸型ポテンシャル中の粒子のエネルギー固有値

入することで求まる。図を見て明らかなように，半径 $r=\sqrt{md^2U_0/2\hbar^2}$ の大きさが

$0 \leqq \sqrt{\dfrac{d^2mU_0}{2\hbar^2}} < \dfrac{\pi}{2}$ のとき，交点は一つなので，エネルギー固有値は1個

$\dfrac{\pi}{2} \leqq \sqrt{\dfrac{d^2mU_0}{2\hbar^2}} < \pi$ のとき，交点は二つなので，エネルギー固有値は2個

$\pi \leqq \sqrt{\dfrac{d^2mU_0}{2\hbar^2}} < \dfrac{3\pi}{2}$ のとき，交点は三つなので，エネルギー固有値は3個

存在する。つまり，井戸の幅 d とポテンシャルの深さ U_0 が大きくなると半径 $r=\sqrt{md^2U_0/2\hbar^2}$ も大きくなり，交点の数が増え，許される状態の数が増加することがわかる。ただし，ここで述べている許される状態とは，エネルギー固有値 ε が U_0 より小さい場合であり，U_0 より大きい場合は，連続的に状態が許される。以上をまとめると，エネルギー固有値が n 個の場合は

$$\dfrac{\pi}{2}(n-1) \leqq \sqrt{\dfrac{d^2mU_0}{2\hbar^2}} < \dfrac{\pi}{2}n \tag{1.104}$$

なる不等式が成立する。また，最もエネルギー固有値の小さい場合は，式 (1.102) と円（式 (1.100)）の交点なので，$B \neq 0$ の場合の波動関数式 (1.97) 〜 (1.99) になる。これは偶関数である。つぎに高いエネルギーは式 (1.101) と円との交点なので，$A \neq 0$ の場合の波動関数式 (1.94) 〜 (1.96) になる。これは奇関数である。この波動関数の様子を，**図 1.14** に示す。つまり，n が奇数のとき偶関数，n が偶数のとき奇関数になる。量子数 n の値によって波動関数が偶関数，奇関数になることを**偶奇性**（パリティ）という。また，ポテンシャル障壁の中に波動関数は染み込み有限の値を持つ

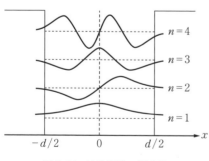

図 1.14 波動関数の偶奇性

ているので，発見確率は有限となる．つまり，壁の中にも粒子を発見し得ることを示している．

1.6 トンネル効果

図1.15のような高さ V_0 の凸型ポテンシャル障壁に，V_0 より高いエネルギー固有値 $\varepsilon(\varepsilon > V_0)$ を持った電子が，左側から入射した場合を考える．電子のエネルギーが障壁より高い場合，古典論では電子はすべて領域IIIに抜けていくと考えられる．しかし，以下の計算からわかるように，量子力学の教えるところは，一部の電子は，$x=0$ と $x=a$ の境界で反射されてしまう．このことを確認する．ここでは領域 I，II から III に透過していく確率を求める．

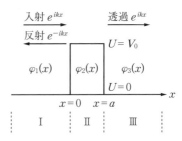

図1.15 凸型ポテンシャル障壁

(i) $x<0$ の領域 I における，シュレーディンガー方程式と波動関数は

$$-\frac{\hbar^2}{2m}\frac{d^2}{dx^2}\psi(x) = \varepsilon\psi(x)$$

変形すると

$$\frac{d^2}{dx^2}\psi(x) + \frac{2m\varepsilon}{\hbar^2}\psi(x) = 0$$

特性方程式は

$$\lambda^2 + \frac{2m\varepsilon}{\hbar^2} = 0$$

判別式は

$$D = -4 \cdot 1 \cdot \overset{\varepsilon>0}{\overbrace{\frac{2m\varepsilon}{\hbar^2}}} < 0$$

より虚根となる．よって

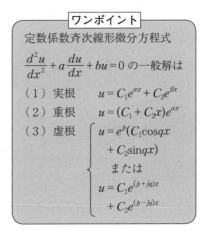

ワンポイント

定数係数斉次線形微分方程式

$\dfrac{d^2u}{dx^2} + a\dfrac{du}{dx} + bu = 0$ の一般解は

(1) 実根　　$u = C_1 e^{\alpha x} + C_2 e^{\beta x}$

(2) 重根　　$u = (C_1 + C_2 x)e^{\alpha x}$

(3) 虚根
$\begin{cases} u = e^p(C_1 \cos qx \\ \qquad + C_2 \sin qx) \\ \text{または} \\ u = C_1 e^{(p+jq)x} \\ \qquad + C_2 e^{(p-jq)x} \end{cases}$

$$\lambda = \frac{\pm\sqrt{\dfrac{-8m\varepsilon}{\hbar^2}}}{2} = \pm i\sqrt{\frac{2m\varepsilon}{\hbar^2}} = \pm ik$$

よって，波動関数は

$$\varphi_1(x) = Ae^{ikx} + Be^{-ikx} \tag{1.105}$$

となる。

（ii） $x>a$ の領域Ⅲにおける，シュレーディンガー方程式と波動関数も同様に

$$-\frac{\hbar^2}{2m}\frac{d^2}{dx^2}\psi_3(x) = \varepsilon\psi_3(x)$$

$$\therefore \psi_3(x) = Ce^{ikx} + De^{-ikx}$$

$x>a$ の領域Ⅲには，ステップなどのポテンシャルはなく，反射する要素はないので $D=0$ となる。よって，波動関数は

$$\varphi_3(x) = Ce^{ikx} \tag{1.106}$$

となる。

（iii） $0<x<a$ の領域Ⅱにおける，シュレーディンガー方程式と波動関数も同様に

$$\left\{-\frac{\hbar^2}{2m}\frac{d^2}{dx^2} + V_0\right\}\psi_2(x) = \varepsilon\psi_2(x) \to \frac{d^2}{dx^2}\psi_2(x) + \frac{2m(\varepsilon - V_0)}{\hbar^2}\psi_2(x) = 0$$

特性方程式は

$$\lambda^2 + \frac{2m(\varepsilon - V_0)}{\hbar^2} = 0$$

判別式は

$$D = -4 \cdot 1 \cdot \frac{2m\overbrace{(\varepsilon - V_0)}^{>0}}{\hbar^2} < 0$$

より虚根となる。よって

$$\lambda = \frac{\pm\sqrt{\dfrac{-8m(\varepsilon - V_0)}{\hbar^2}}}{2} = \pm i\sqrt{\dfrac{2m(\varepsilon - V_0)}{\hbar^2}} = \pm i\beta$$

よって，波動関数は

$$\varphi_2(x) = Fe^{i\beta x} + Ge^{-i\beta x} \tag{1.107}$$

となる。波動関数は，滑らかな連続関数でなければならないという境界条件から，$x=0$ の境界では

$$\varphi_1(0) = \varphi_2(0) \to \therefore A + B = F + G \tag{1.108}$$

$$\varphi_1{}'(0) = \varphi_2{}'(0) \to ikAe^0 - ikBe^0 = i\beta Fe^0 - i\beta Ge^0$$

$$\to \therefore k(A - B) = \beta(F - G) \tag{1.109}$$

$x=a$ の境界では

$$\varphi_2(a) = \varphi_3(a) \to \therefore Fe^{i\beta a} + Ge^{-i\beta a} = Ce^{ika} \tag{1.110}$$

$$\varphi_2{}'(a) = \varphi_3{}'(a) \to i\beta Fe^{i\beta a} - i\beta Ge^{-i\beta a} = ikCe^{ika}$$

$$\to \therefore \beta(Fe^{i\beta a} - Ge^{-i\beta a}) = kCe^{ika} \tag{1.111}$$

が成り立たなければならない。ここで，電荷の保存則 $\mathrm{div}\vec{J_c} = -\partial\rho/\partial t$ を考えてみる。電流密度 $\vec{J_c}$ はこれに垂直な単位面積を単位時間に通過する総電荷量である。ρ は電荷密度である。この保存則は，単位体積から流出（流入）する総電荷量は，その単位体積に含まれる電荷量の減少量（増加量）に等しいことを意味している。量子力学では確率でしか議論できないため，電荷密度 ρ の代わりに，確率密度（単位体積中の発見確率）を $|\psi(r,t)|^2$ と置いて考える。確率も保存されるので $\mathrm{div}\vec{J}(r,t) = -\partial|\psi(r,t)|^2/\partial t$ と置ける。ここで，$\vec{J}(r,t)$ を**確率の流れの密度**と呼ぶ。確率の流れの密度 $\vec{J}(r,t)$ とは，これに垂直な単位面積を単位時間に通過する確率の総和となる。粒子が入射し流れる場合は，確率の流れの密度を用いて考えると便利である。確率の流れの密度は

$$\vec{J} = \frac{\hbar}{2mi}\left(\varphi^*\frac{\partial}{\partial x}\varphi - \varphi\frac{\partial}{\partial x}\varphi^*\right)\vec{i_1}$$

となることが導かれている[18]。

入射波の確率の流れの密度は，領域 I の波動関数（式(1.105)）において入

射波を表す Ae^{ikx} を用い

$$\vec{j_i} = \frac{\hbar}{2mi}\left(\varphi^* \frac{\partial}{\partial x}\varphi - \varphi \frac{\partial}{\partial x}\varphi^*\right)\vec{i_1}$$

$$= \frac{\hbar}{2mi}\left(A^* e^{-ikx} ikAe^{ikx} + Ae^{ikx} ikA^* e^{-ikx}\right)\vec{i_1}$$

$$= \frac{\hbar}{2m}\left(A^* Ak + AA^* k\right)\vec{i_1} = \frac{\hbar}{m}k|A|^2 \vec{i_1} \tag{1.112}$$

となる．反射波の確率の流れの密度は，領域Ⅰの波動関数において反射波を表す Be^{-ikx} を用い

$$\vec{j_r} = \frac{\hbar}{2mi}\left(\varphi^* \frac{\partial}{\partial x}\varphi - \varphi \frac{\partial}{\partial x}\varphi^*\right)\vec{i_1}$$

$$= \frac{\hbar}{2mi}\left(-B^* e^{ikx} ikBe^{-ikx} - Be^{-ikx} ikB^* e^{ikx}\right)\vec{i_1}$$

$$= -\frac{\hbar}{2m}\left(B^* Bk + BB^* k\right)\vec{i_1} = -\frac{\hbar}{m}k|B|^2 \vec{i_1} \tag{1.113}$$

となる．透過波の確率の流れの密度は，領域Ⅲの波動関数において透過波を表す Ce^{ikx} を用い

$$\vec{j_t} = \frac{\hbar}{2mi}\left(\varphi^* \frac{\partial}{\partial x}\varphi - \varphi \frac{\partial}{\partial x}\varphi^*\right)\vec{i_1}$$

$$= \frac{\hbar}{2mi}\left(C^* e^{-ikx} ikCe^{ikx} + Ce^{ikx} ikC^* e^{-ikx}\right)\vec{i_1}$$

$$= \frac{\hbar}{2m}\left(C^* Ck + CC^* k\right)\vec{i_1} = \frac{\hbar}{m}k|C|^2 \vec{i_1} \tag{1.114}$$

となる．反射率は，入射波の確率の流れの密度の大きさと反射波の確率の流れの密度の大きさの比なので

$$R = \frac{|\vec{j_r}|}{|\vec{j_i}|} = \frac{\left|-\frac{\hbar}{m}k|B|^2 \vec{i_1}\right|}{\left|\frac{\hbar}{m}k|A|^2 \vec{i_1}\right|} = \frac{||B|^2|}{||A|^2|} = \frac{|B|^2}{|A|^2} \tag{1.115}$$

となる．透過率は，入射波の確率の流れの密度の大きさと透過波の確率の流れの密度の大きさの比なので

1.6 トンネル効果

$$T = \frac{|\vec{j_t}|}{|\vec{j_i}|} = \frac{\left|\frac{\hbar}{m}k|C|^2\vec{i_1}\right|}{\left|\frac{\hbar}{m}k|A|^2\vec{i_1}\right|} = \frac{||C|^2|}{||A|^2|} = \frac{|C|^2}{|A|^2} \tag{1.116}$$

となる．したがって，透過率を求めるには，任意定数 C と A の比がわかれば求まる．そこで，先ほどの境界条件を用いて，この比を計算する．

式 (1.110), (1.111) より F, G を C で表すと

式 $(1.111)+\beta \times$ 式 $(1.110) \to 2\beta F e^{i\beta a} = Cke^{ika} + C\beta e^{ika}$

$$\therefore F = \frac{C(k+\beta)e^{ika}}{2\beta e^{i\beta a}} \tag{1.117}$$

式 $(1.111)-\beta \times$ 式 $(1.110) \to 2\beta G e^{-i\beta a} = -Cke^{ika} + C\beta e^{ika}$

$$\therefore G = \frac{C(\beta-k)e^{ika}}{2\beta e^{-i\beta a}} \tag{1.118}$$

式 (1.108), (1.109) より A を F と G で表し，式 (1.117), (1.118) を代入し，C/A を求めると

式 $(1.109)+k \times$ 式 $(1.108) \to 2kA = (k+\beta)\underbrace{F}_{\text{式 (1.117)}} + (k-\beta)\underbrace{G}_{\text{式 (1.118)}}$

$$= (k+\beta)^2 \frac{Ce^{ika}}{2\beta e^{i\beta a}} - (\beta-k)^2 \frac{Ce^{ika}}{2\beta e^{-i\beta a}} = \frac{Ce^{ika}}{2\beta}\{(k+\beta)^2 e^{-i\beta a} - (\beta-k)^2 e^{i\beta a}\}$$

$$\therefore \frac{C}{A} = \frac{4k\beta e^{-ika}}{\{(k+\beta)^2 e^{-i\beta a} - (\beta-k)^2 e^{i\beta a}\}} \cdot \frac{e^{i\beta a}}{e^{i\beta a}} = \frac{4k\beta e^{i(\beta-k)a}}{(k+\beta)^2 - (\beta-k)^2 e^{i2\beta a}} \tag{1.119}$$

となる．よって

$$|C|^2 = \left|4k\beta e^{i(\beta-k)a}\right|^2 = 16k^2\beta^2 \overbrace{\left|e^{i(\beta-k)a}\right|^2}^{=1} = 16k^2\beta^2 \tag{1.120}$$

$$|A|^2 = \left|\overbrace{(k+\beta)^2}^{m} - \overbrace{(\beta-k)^2}^{n} e^{i2\beta a}\right|^2 = \left|m - n(\cos(2\beta a) + i\sin(2\beta a))\right|^2$$

$$= \left|m - n\cos(2\beta a) - in\sin(2\beta a)\right|^2$$

$$= \left\{\sqrt{(m - n\cos(2\beta a))^2 + (n\sin(2\beta a))^2}\right\}^2$$

$$= m^2 - 2mn\cos(2\beta a) + \overbrace{(n\cos(2\beta a))^2 + (n\sin(2\beta a))^2}^{=n^2}$$

$$= m^2 - 2mn\overbrace{\cos(2\beta a)}^{①} + n^2$$

ワンポイント
$\cos 2\beta = 1 - 2\sin^2\beta$ ···①

$$= m^2 + n^2 - 2mn(1 - 2\sin^2(\beta a))$$

$$= (m-n)^2 + 4mn\sin^2(\beta a)$$

$$= [(k+\beta)^2 - (\beta-k)^2]^2 + 4(k+\beta)^2(\beta-k)^2 \sin^2(\beta a)$$

$$= [k^2 + 2k\beta + \beta^2 - \beta^2 + 2k\beta - k^2]^2 + 4(\beta^2 - k^2)^2 \sin^2(\beta a)$$

$$= 16k^2\beta^2 + 4(\beta^2 - k^2)^2 \sin^2(\beta a) \tag{1.121}$$

となる．よって，$\varepsilon > V_0$ のときの透過率は

$$T = \frac{|\vec{j_t}|}{|\vec{j_i}|} = \frac{|C|^2}{|A|^2} = \frac{16k^2\beta^2}{16k^2\beta^2 + 4(\beta^2 - k^2)^2 \sin^2(\beta a)}$$

$$= \frac{1}{1 + \frac{(\beta^2 - k^2)^2 \sin^2(\beta a)}{4k^2\beta^2}}$$
$\underbrace{}_{②}\underbrace{}_{③}$

ワンポイント
$k = \sqrt{\dfrac{2m\varepsilon}{\hbar^2}}$ ···②

$\beta = \sqrt{\dfrac{2m(\varepsilon - V_0)}{\hbar^2}}$ ···③

$$= \left\{1 + \frac{\left(\dfrac{2\not{m}(\varepsilon - V_0)}{\not{\hbar}^2} - \dfrac{2\not{m}\varepsilon}{\not{\hbar}^2}\right)^2 \sin^2\left(\sqrt{\dfrac{2m(\varepsilon - V_0)}{\hbar^2}}a\right)}{4 \dfrac{2\not{m}(\varepsilon - V_0)}{\not{\hbar}^2} \dfrac{2\not{m}\varepsilon}{\not{\hbar}^2}}\right\}^{-1}$$

$$\therefore T = \left\{1 + \frac{V_0^2 \sin^2\left(\sqrt{\dfrac{2m(\varepsilon - V_0)}{\hbar^2}}a\right)}{4\varepsilon(\varepsilon - V_0)}\right\}^{-1} \tag{1.122}$$

となる。同様にして，$0<\varepsilon<V_0$ のときの透過率は

$$\therefore T = \left\{1 + \frac{V_0^2 \sinh^2\left(\sqrt{\frac{2m(V_0-\varepsilon)}{\hbar^2}}a\right)}{4\varepsilon(V_0-\varepsilon)}\right\}^{-1} \tag{1.123}$$

となる。ここで，ポテンシャルエネルギー V_0 に対するエネルギー固有値 ε の比 ε/V_0 の変化により，透過率がどのように変化するかを確認するために，以下のように上式を変形する。

$\varepsilon > V_0$ のとき

$$T = \left\{1 + \frac{\sin^2\left(\sqrt{\frac{2m\varepsilon a^2}{\hbar^2} - \frac{2mV_0 a^2}{\hbar^2}}\right)}{4\dfrac{\varepsilon}{V_0}\left(\dfrac{\varepsilon}{V_0}-1\right)}\right\}^{-1} \tag{1.124}$$

ここで，$2mV_0 a^2/\hbar^2 = \pi^2$ と仮に置き，両辺を V_0 で割り，さらに，ε を掛けると，$2m\varepsilon a^2/\hbar^2 = \varepsilon\pi^2/V_0$ であるから，これを代入すると

$$\therefore T = \left\{1 + \frac{\sin^2\left(\sqrt{\dfrac{\varepsilon\pi^2}{V_0} - \pi^2}\right)}{4\dfrac{\varepsilon}{V_0}\left(\dfrac{\varepsilon}{V_0}-1\right)}\right\}^{-1} \tag{1.125}$$

となる。$0<\varepsilon<V_0$ のときも同様にして

$$T = \left\{1 + \frac{\sinh^2\left(\sqrt{\pi^2 - \dfrac{\varepsilon\pi^2}{V_0}}\right)}{4\dfrac{\varepsilon}{V_0}\left(1-\dfrac{\varepsilon}{V_0}\right)}\right\}^{-1} \tag{1.126}$$

となる。横軸を ε/V_0，縦軸を透過率にしてグラフを描いたものを**図1.16**に示す。電子のエネルギー固有値 ε がポテンシャル障壁のエネルギー V_0 より小さい，$\varepsilon/V_0 < 1$ の場合でも，透過率は有限の値を持つ。つまり，透過する粒子が存在する。この現象はポテンシャルの壁の中にまるでトンネルがあるかのように電子は染み出し透過していくという**トンネル効果**を表している。$\varepsilon/V_0 > 1$

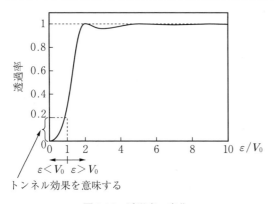

図1.16 透過率の変化

の場合の透過率の変化を見ると，透過率が1より小さくなっているところがあり，ポテンシャル障壁よりエネルギーの大きい電子でも，すべてが透過するわけではなく，反射する電子が存在することを示している。

演習問題

1.1 原子の中の電子の発見確率や電子の取り得るエネルギー（エネルギー固有値 ε）を知りたい。実際の原子における計算は複雑なので，最も単純化した無限井戸形ポテンシャル中に閉じ込められた電子のそれを求めることで，原子の中の電子の一般的な性質を理解しよう。そこで，本文13ページの図1.3のような $x \leq 0$，$x \geq a$ の領域でポテンシャルエネルギー $U(x) = \infty$，$0 < x < a$ の領域で $U(x) = 0$ の無限井戸型ポテンシャルの中に閉じ込められた電子を考える。以下の問に答えなさい。

(1) $0 < x < a$ の領域でのシュレーディンガー方程式を示しなさい。

(2) $x \leq 0$，$x \geq a$ の領域の無限のポテンシャルエネルギーの領域に電子が発見されることは可能か答えなさい。また，その理由を述べなさい。

以下，$0 < x < a$ の領域を考える。

(3) エネルギー固有値 $\varepsilon > 0$ におけるシュレーディンガー方程式の一般解（波動関数 φ）を求めなさい。

(4) $x = 0$ における境界条件より任意定数を減らした波動関数 φ を求めなさい。

(5) $x = a$ における境界条件より求まる波動関数 φ を求めなさい。また，境界条件，つまり，電子が閉じ込められているという条件によって，$n = 1, 2, 3, \cdots$ という離散的な数（量子数と呼ぶ）が現れる。ここで初めて離散性が現れることを確認しなさい。

(6) 井戸の中に電子は閉じ込められているので，各位置で発見される確率の

和は 1 になることを表す $\int_0^a |\varphi|^2 dx = 1$ を計算することで残りの任意定数が決まる。任意定数を含まない波動関数 φ を求めなさい。

(7) 量子数 $n=1$, $n=2$, $n=3$ における波動関数と発見確率は，位置 x に対してどのように変化するか，横軸を距離 x として描きなさい。

(8) 範囲 $x=a/4$ から $x=3a/4$ の中に，粒子を発見する確率を求めなさい。ただし，$n=1$ の基底状態を考える。

(9) 電子の取り得るエネルギー（エネルギー固有値 ε）を求めなさい。

(10) エネルギー固有値の離散性を大きくするにはどのようにすればよいか説明しなさい。このことから原子のような小さな領域に閉じ込められた電子のエネルギーは離散的になることを確認しなさい。

1.2 図 1.17 のようなステップ状のポテンシャルの壁（V_0）があり，左側から質量 m の粒子が入射したとき，以下の問に答えなさい。

(1) $x<0$ の領域でのシュレーディンガー方程式を示しなさい。

(2) $x>0$ の領域でのシュレーディンガー方程式を示しなさい。
粒子のエネルギー固有値 ε が $\varepsilon>V_0>0$ の場合を考える。

(3) $x<0$ の領域での波動関数を示しなさい。

(4) $x>0$ の領域での波動関数を示しなさい。

(5) 入射波，反射波，透過波の確率の流れを示しなさい。

(6) 反射率 R および透過率 T を ε を用いて示しなさい。

(7) $R+T$ を求めなさい。

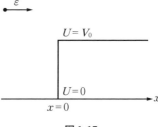

図 1.17

2 結晶構造

　固体というのは，どのような原子の集団なのだろうか。その原子どうしを結び付けている力の起源は何か。金属や半導体で，その力の機構は異なるのだろうか。原子の配列には，どのようなものがあるのだろうか。その配列を表すブラベー格子とは。結晶の特定の方向や面を指定するミラー指数とは。本章では，原子が凝集し固体を形作る際に，その原子間に働く力などについて説明する。

　イオン結晶は，原子どうしが互いに電子を与え，受け取り，正イオンと負イオンになり，クーロン力により結合力を引き起こし凝集し結晶となる。共有結合結晶は，各原子間の中央に存在する電子を，各原子核が引っ張り合うことで結合力が生じ結晶となる。また，金属結晶は，原子という狭い領域に閉じ込められていた電子が，結晶になると自由に動けるようになり，電子のエネルギーが低くなるため，結合力が生まれる。原子が規則的に並んだ結晶を単結晶と呼び，単結晶が集まった結晶を多結晶と呼ぶ。また，原子が不規則に並んだものを非晶質（アモルファス）と呼ぶ。

ヘンリー・ブラッグ（イギリス）

2.1 固体の結合力

固体は原子が集まり凝集したものである。凝集するということは，個々の原子どうしに引力が働いた結果である。なぜ，そのような結合力が働くのか，どのような種類の結合力があるのか説明する。

固体の結合力の種類として，（1）**イオン結合**，（2）**共有結合**，（3）**金属結合**，（4）**ファン・デル・ワールス結合**，（5）**水素結合**，がある。（1）イオン結合により凝集したイオン結晶として，例えば NaCl，MgO，AgCl などのアルカリハライド結晶，シルバーハライド結晶と呼ばれる結晶がある。（2）共有結合により凝集した共有結合結晶（等極性結合結晶，原子価結合結晶）として，例えば，ダイヤモンド，Si，Ge などの結晶がある。（3）金属結合により凝集した金属結晶として，例えば Na，Mg，Al，Cu などの結晶がある。現在，おもに使われている電子材料は，この3種類の結合力によって凝集し固体になった結晶がほとんどである。また，SiC のように共有結合とイオン結合が混合している結晶もある。特殊な例として，（4）ファン・デル・ワールス結合により凝集した分子性結晶として，例えば，固体アルゴン（極低温で Ar は固体となる）の結晶がある。（5）水素結合により凝集した水素結合結晶として，例えば，H$_2$O 結晶（氷）がある。つぎに，これら（1），（2），（3）の結合について，より詳細に考えていく。

2.1.1 イオン結合

イオン結晶の代表例として**図 2.1** のような結晶構造を持つ NaCl 結晶を例に挙げて考えてみる。Na と Cl の中性原子における電子配置は

$$\text{Na} : 1s^2\,2s^2\,2p^6\,3s^1$$

$$\text{Cl} : 1s^2\,2s^2\,2p^6\,3s^2\,3p^5$$

であり，もし Na と Cl を近付けていくと，Na は

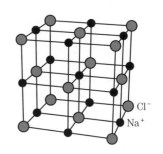

図 2.1 NaCl 結晶構造

3s軌道の電子1個を放出し，Clは3p軌道に電子1個を受け取り，それぞれ安定な電子配置を取ろうとする。つまり

$$Na^{+1} : 1s^2\,2s^2\,2p^6$$

$$Cl^{-1} : 1s^2\,2s^2\,2p^6\,3s^2\,3p^6$$

となる。つまり，NaとClの原子が近付くと，Na^+正イオンとCl^-負イオンとなり，その正負イオン間にクーロン力が働き結合力が発生する。このときのエネルギー関係を定式化してみると

$$Na + \overbrace{5.14\,eV}^{\text{イオン化エネルギー（吸収）}} \to Na^+ + e^-$$

$$Cl + e^- \to Cl^- + \overbrace{3.61\,eV}^{\text{電子親和力（放出）}}$$

であるので

$$Na + Cl \to Na^+ + Cl^- + 3.61 - 5.14$$

となる。ここで

$$Na^+ + Cl^- \to NaCl + \overbrace{7.9\,eV}^{\text{凝集エネルギー}}$$

であるから

$$Na + Cl \to NaCl + 7.9 + 3.61 - 5.14$$

$$\to NaCl + 6.4\,eV$$

となり，原子で存在するよりも固体になった方が6.4 eVのエネルギー低下を引き起こし結晶になった方がエネルギー的に得をする。したがって，固体になろうとするのである。

正イオンと負イオンの間にはクーロン力が働くので，各イオンはポテンシャルエネルギーを持つことになる。そこで，このポテンシャルエネルギーを計算してみる。いま，電荷e_i〔C〕のイオンがあり，距離r_{ij}離れた点に，電荷e_j〔C〕のイオンを置いたとき，電荷e_j〔C〕のイオン1個が持つポテンシャルエネルギーは

$$U = \frac{e_i e_j}{4\pi\varepsilon_0 r_{ij}} \tag{2.1}$$

となる。

このポテンシャルエネルギーは

e_i, e_j が同符号の電荷なら $U>0$

e_i, e_j が異符号の電荷なら $U<0$

となる。ここで，各イオンの電荷の大きさをeとし，符号をr_{ij}の項に含めることにする。

つまり

$$|e_i| = |e_j| = e, \quad \frac{\pm 1}{r_{ij}}$$

とする。つまり，e_i, e_j が同符号のときは$+1/r_{ij}$とし，異符号のときは$-1/r_{ij}$とすることに決める。すると，e_j〔C〕のポテンシャルエネルギーは

$$U = \frac{e^2}{4\pi\varepsilon_0}\left(\frac{\pm 1}{r_{ij}}\right) \tag{2.2}$$

となる。つぎに，図2.2に示すように，多数のイオンが存在する場合を考える。j番目の1個のイオンの持つポテンシャルエネルギーは，他のイオンとの和となり

図2.2 多数イオン

$$U_j = \frac{e^2}{4\pi\varepsilon_0} \sum_{i(\neq j)} \frac{\pm 1}{r_{ij}} \tag{2.3}$$

となる。つぎに，正イオンの数をN個，負イオンの数をN個とすると，イオンの総数は$2N$個となる。したがって，結晶全体の持つエネルギーU_1は，j番目の1個のイオンのポテンシャルエネルギーが式(2.3)なのであるから，$2N$倍しなければならないように見えるので

$$U_1 = 2N\frac{e^2}{4\pi\varepsilon_0} \sum_{i(\neq j)} \frac{\pm 1}{r_{ij}} \tag{2.4}$$

図2.3 イオン間相互作用

となる。しかし，**図2.3**に示すように1番目のイオンは，2番目のイオンから力を受け，2番目のイオンは1番目のイオンから力を受け，けっきょく式(2.4)は，一つのクーロン相互作用を2回計算していることになるから，式(2.4)は，1/2倍してつぎのようになる。

$$U_1 = \frac{1}{2} ZN \frac{e^2}{4\pi\varepsilon_0} \sum_{i(\neq j)} \frac{\pm 1}{r_{ij}} \tag{2.5}$$

したがって，クーロン力のみを考えたときの結晶全体のポテンシャルエネルギーは

$$U_1 = \frac{Ne^2}{4\pi\varepsilon_0} \sum_{i(\neq j)} \frac{\pm 1}{r_{ij}} \tag{2.6}$$

となる。ここで，最近接正負イオン間の距離をrとすると

$$\sum_{i(\neq j)} \frac{\pm 1}{r_{ij}} = -\frac{\alpha}{r} \tag{2.7}$$

と表すことができる。ここで，αを**マーデルング定数**（Madelung constant）と呼ぶ。したがって，式(2.6)は，αを用いて表すと

$$U_1 = -\frac{Ne^2}{4\pi\varepsilon_0} \frac{\alpha}{r} \tag{2.8}$$

となる。ここで，さまざまな結晶構造のマーデルング定数αを示すと，NaCl型では$\alpha=1.747$，CsCl型では$\alpha=1.762$，ZnS型（せん亜鉛鉱型）では$\alpha=1.638$，ZnO型（ウルツ鉱型）では$\alpha=1.641$となる。つぎに，**図2.4**のような

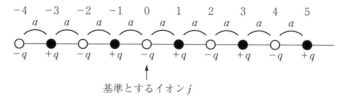

図2.4 一次元イオン結晶

正負のイオンが交互に無限に並んだ単純な一次元イオン結晶モデルのマーデルング定数 α を求めてみる。格子定数を a, イオンの電荷を $+q$, $-q$ とする。

基準とするイオンを図のように、負イオンにすると、式 (2.7) より

$$-\frac{\alpha}{r} = -\frac{\alpha}{a} = \sum_{i(\neq j)} \frac{\pm 1}{r_{ij}}$$

$$= \left(\cdots + \underbrace{\frac{1}{4a}}_{r_{-30}} - \underbrace{\frac{1}{3a}}_{r_{-20}} + \underbrace{\frac{1}{2a}}_{r_{-10}} - \underbrace{\frac{1}{a}}_{r_{10}} - \underbrace{\frac{1}{a}}_{r_{10}} + \underbrace{\frac{1}{2a}}_{r_{20}} - \underbrace{\frac{1}{3a}}_{r_{30}} + \frac{1}{4a} - \cdots \right)$$

$$= -\left(\frac{2}{a} - \frac{2}{2a} + \frac{2}{3a} - \frac{2}{4a} \cdots \right)$$

$$= -\frac{2}{a}\left(1 - \frac{1}{2} + \frac{1}{3} - \frac{1}{4} + \cdots \right)$$

$$\therefore \quad \alpha = 2\left(1 - \frac{1}{2} + \frac{1}{3} - \frac{1}{4} + \cdots \right)$$

となる。ここで、$\ln(1+x) = x - (x^2/2) + (x^3/3)\cdots$ を用いると、$x = 1$ のとき、$\ln(1+1) = \ln 2 = 1 - (1/2) + (1/3) - \cdots$ であるから、一次元イオン結晶におけるマーデルング定数 α は $\alpha = 2\ln 2 = 1.386$ となる。マーデルング定数は、格子定数が異なっていても、同じ結晶構造を持つ物質は同じ値になることがわかる。

式 (2.8) の正負イオン間の力に伴って生じるポテンシャルエネルギー U_1 と、正負イオン間の距離 r との関係は**図 2.5** のようになる。イオン間距離が短いほどエネルギーは小さくなる。つまり、近付けば近付くほど、エネルギー的に得をするので、その方向に自然は変化し、結晶はつぶれてしまうが、現実はそうなっていない。つま

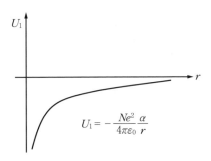

図 2.5 ポテンシャルエネルギーの正負イオン間距離依存性

り、接近すると反発する力が存在することを意味している。これは、原子間の距離を近付けていくと、各原子内の電子どうしが反発するため、各原子は斥力

を受ける。そこで，電子間の斥力に伴うポテンシャルエネルギー U_2 は，経験的につぎのように表すことができる。

$$U_2 = \frac{N}{4\pi\varepsilon_0} \frac{\beta}{r^n} \tag{2.9}$$

ただし，β は正の定数，n は約 10 程度の値である。電子間斥力に伴うポテンシャルエネルギー U_2 と原子間距離 r との関係を図 2.6 に示す。原子間距離 r が小さくなっていくと急激に大きくなる関数である。よって，斥力に伴うポテンシャルエネルギーを含めた全ポテンシャルエネルギー U は

$$\begin{aligned} U = U_1 + U_2 &= -\frac{Ne^2}{4\pi\varepsilon_0}\frac{\alpha}{r} + \frac{N}{4\pi\varepsilon_0}\frac{\beta}{r^n} \\ &= -\frac{N}{4\pi\varepsilon_0}\left(\frac{e^2\alpha}{r} - \frac{\beta}{r^n}\right) \end{aligned} \tag{2.10}$$

となる。

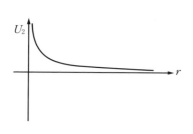

図 2.6 電子間斥力に伴うポテンシャルエネルギー U_2 と原子間距離 r との関係

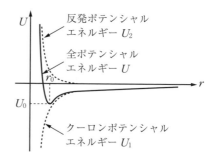

図 2.7 イオン間，電子間の力に伴う全ポテンシャルエネルギー U と原子間距離 r との関係

この全ポテンシャルエネルギー U と，原子間距離 r との関係は図 2.7 のようになる。ここで，全ポテンシャルエネルギー U が極小のところが，最も安定した状態である。そこで，その原子間距離 r_0 における全ポテンシャルエネルギー U_0 を求めてみる。U_0 が極小ということは，$r = r_0$ のところで傾き $\left(\dfrac{dU}{dr}\right)\bigg|_{r=r_0} = 0$ ということである。そこで，微分すると

$$\left(\frac{dU}{dr}\right)\bigg|_{r=r_0} = -\frac{N}{4\pi\varepsilon_0}\frac{d}{dr}\left(\frac{e^2\alpha}{r}-\frac{\beta}{r^n}\right)\bigg|_{r=r_0}$$

$$= -\frac{N}{4\pi\varepsilon_0}\frac{d}{dr}\left(e^2\alpha r^{-1}-\beta r^{-n}\right)\bigg|_{r=r_0}$$

$$= -\frac{N}{4\pi\varepsilon_0}\left(-e^2\alpha r_0^{-2}+n\beta r_0^{-n-1}\right) = \frac{N}{4\pi\varepsilon_0}\left(\frac{e^2\alpha}{r_0^2}-\frac{n\beta}{r_0^{n+1}}\right)=0$$

$$\therefore \frac{e^2\alpha}{r_0^2} = \frac{n\beta}{r_0^{n+1}}$$

よって,β は

$$\beta = \frac{r_0^{n+1}}{n}\frac{e^2\alpha}{r_0^2} = \frac{\alpha}{n}e^2 r_0^{n-1} \tag{2.11}$$

となる。これを式 (2.10) に代入し,最も安定した状態の全ポテンシャルエネルギー U_0 を求めると

$$U_0 = -\frac{N}{4\pi\varepsilon_0}\left(\frac{e^2\alpha}{r_0}-\frac{1}{r_0^n}\frac{\alpha}{n}e^2 r_0^{n-1}\right) = -\frac{N}{4\pi\varepsilon_0}\left(\frac{e^2\alpha}{r_0}-\frac{e^2\alpha}{r_0}\frac{1}{n}\right)$$

$$\therefore U_0 = -\frac{Ne^2\alpha}{4\pi\varepsilon_0 r_0}\left(1-\frac{1}{n}\right) \tag{2.12}$$

となる。

2.1.2 共 有 結 合

共有結合結晶とは,隣接する原子の価電子(最外殻にある電子,結合にあずかる電子)が,スピンを反対にして対を作って結合している結晶である。共有結合の簡単な例として,水素分子 H_2 を考える。

水素原子が**図 2.8** のように接近している場合,電子の波動関数を $\varphi(x)$ とすると,発見確率 $|\varphi(x)|^2$ は,それぞれの水素原子の電子のスピンの向きによって異なる。各水素原子の電子のスピンが反平行の場合の発見確率は,図 2.8 に示しているように,それぞれの原子核の中間に電子が発見される発見確率が有

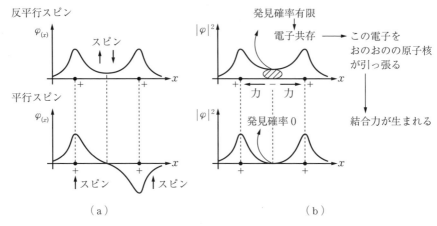

図 2.8 水素分子の結合性軌道と反結合性軌道

限となる。したがって，この電子を両方の正の電荷を持った原子核が引っ張り合うことによって，結合力が生じる。一方，各水素原子の電子のスピンが平行の場合は，電子を共有する部分がない。つまり，それぞれの原子の中間に電子が発見される確率は 0 となる。これは，スピンの向きが同じ電子は同じ状態であるから，「電子は同じ状態を占めることは許されない」という**パウリの排他律**に反するためである。したがって，それぞれの原子核が引っ張り合う電子が存在しないので結合力を生じない。よって，各水素原子の電子のスピンが反平行のときに共有結合し水素分子を形成する。

つぎに，Si を例に説明する。Ⅳ族元素である Si 原子の電子配置は

$$1s^2\,2s^2\,2p^6\,3s^2\,3p^2$$

であり，3s，3p 軌道の電子が結合に寄与する。つまり，3p 軌道に四つの電子が入ると閉殻となり安定になるので，原子が

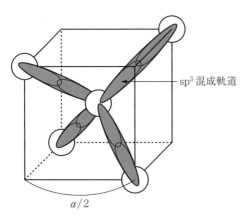

図 2.9 Si 原子の四つの結合手

近付くとs軌道とp軌道が混成して、新しく四つのsp^{3}混成軌道を作り、対を作って結合する。つまり、**図2.9**のようにSi原子は四つの結合手を出して周りの原子と共有結合している。イオン結合の場合は、各原子が電子を与えたり得たりして、正・負にイオン化し、その引力によって結合していたが、共有結合は価電子を共有し、引っ張り合うことで結合力が生じ固体になる。

2.1.3 金属結合

金属結晶は、原子の価電子が固体中をほぼ自由に動き回っており（**伝導電子**）、この伝導電子により結合力が生じ凝集した**結晶**である。伝導電子のどのような働きで結合力が引き起こされるのであろうか。1.4節で説明したように、狭い井戸の中に閉じ込められた電子のエネルギー固有値の式 (1.63) は

$$\varepsilon = \frac{\hbar^2}{2m}\left(\frac{n\pi}{a}\right)^2 \quad (n=1, 2, 3, \cdots) \tag{1.63}$$

であった。つまり、井戸の幅aが小さいほど、エネルギー固有値は大きくなる。この一次元モデルを三次元の箱の中に閉じ込められている粒子へ拡張して考える。$n=1$の場合のエネルギー固有値は、箱のサイズを**図2.10**のようにとると

$$\varepsilon = \frac{\hbar^2 \pi^2}{2m}\left(\frac{1}{l^2}+\frac{1}{a^2}+\frac{1}{b^2}\right) \tag{2.13}$$

となる。ここで、m：粒子の質量、$\hbar = h/2\pi$、h：プランク定数である。式 (2.13) より、粒子の質量が小さく、箱のサイズl, a, bが小さいほど、エネルギーが大きくなる。原子内の電子は、原子核から引力を受けて閉じ込められ束縛されている。つまり、箱のサイズl, a, bが小さいことに相当する。

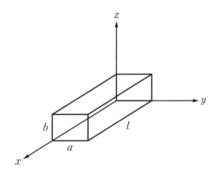

図2.10 箱の中（量子井戸）に閉じ込められた粒子

よって、電子の持つエネルギーは大きい。しかし、原子どうしが接近し結晶と

なると，各原子に束縛されていた価電子は伝導電子となり，自由に運動ができるようになる。つまり，箱のサイズ l, a, b が大きくなったと考えることができる。よって，電子のエネルギーが小さくなる。したがって，結晶となり伝導電子が生じることで，エネルギーが低くなり，安定となるため結合力が発生する。これが金属結合である。

2.2 ブラベー格子と空間格子

結晶は最小構造単位を持っており，それが三次元空間に周期性を持って繰り返し配列された構造をしている。この最小構造単位を**単位格子**，または，**単位胞**（unit cell）と呼び，繰り返された単位格子の集まりを**空間格子**，各格子の頂点を**格子点**と呼ぶ。図 2.11 に示すように，単位格子は三つの基本ベクトル $\vec{a}, \vec{b}, \vec{c}$ によって表され，ベクトル $\vec{a}, \vec{b}, \vec{c}$ の間のなす角度

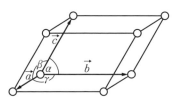

図 2.11 単位格子を指定する基本ベクトル $\vec{a}, \vec{b}, \vec{c}$ と，その軸間のなす角度 α, β, γ

を γ, α, β と表す。a, b, c および γ, α, β を**格子定数**（lattice constant）と呼ぶ。また，すべての結晶は表 2.1 に示すように，7 種類の**結晶系**（crystal system）と呼ばれるものに分けられる。つまり，**立方晶系**（cubic），**正方晶系**（tetragonal），**斜方晶系**（orthorhombic），**三方晶系**（**菱面体晶系**）（trigonal or rhombohedral），**六方晶系**（hexagonal），**単斜晶系**（monoclinic），**三斜晶系**（triclinic）の七つである。さらに，分類の仕方を細かく分けることができ，**底心**（base center，記号 C），**面心**（face center，記号 F），**体心**（body center，記号 I），**単純**（simple，記号 P）がある。例えば，立方晶系には三つの格子があり，単純立方格子（sc），体心立方格子（bcc），面心立方格子（fcc）と呼ぶ。以上のような組合せで，すべての結晶は表 2.1 および図 2.12 のように 14 種類に分けられる。この 14 種類の格子を**ブラベー格子**と呼ぶ。

2.2 ブラベー格子と空間格子

表 2.1 結晶系とブラベー格子

結晶系	軸の長さ，なす角	対応するブラベー格子
立方晶	$a=b=c,\ \alpha=\beta=\gamma=90°$	単純立方 (P) 体心立方 (I) 面心立方 (F)
正方晶	$a=b\neq c,\ \alpha=\beta=\gamma=90°$	単純正方 (P) 体心正方 (C)
斜方晶	$a\neq b\neq c,\ \alpha=\beta=\gamma=90°$	単純斜方 (P) 体心斜方 (I) 面心斜方 (F) 底心斜方 (C)
三方晶系（菱面体晶系）	$a=b=c,\ \alpha=\beta=\gamma\neq 90°$	単純 (P)
六方晶	$a=b\neq c,\ \alpha=\beta=90°\quad \gamma=120°$	単純 (P)
単斜晶	$a\neq b\neq c,\ \alpha=\gamma=90°\quad \neq\beta$	単純単斜 (P) 底心単斜 (C)
三斜晶	$a\neq b\neq c,\ \alpha\neq\beta\neq\gamma\neq 90°$	単純 (P)

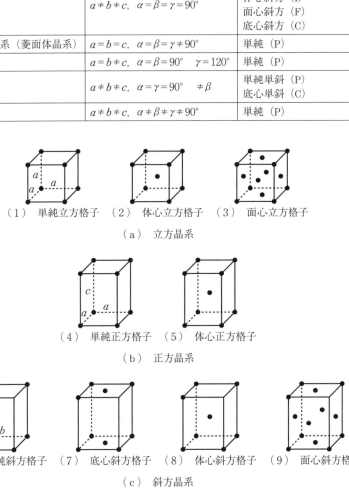

（1） 単純立方格子　（2） 体心立方格子　（3） 面心立方格子
(a) 立方晶系

（4） 単純正方格子　（5） 体心正方格子
(b) 正方晶系

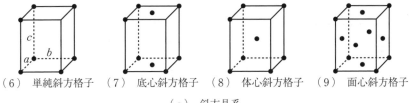

（6） 単純斜方格子　（7） 底心斜方格子　（8） 体心斜方格子　（9） 面心斜方格子
(c) 斜方晶系

図 2.12 ブラベー格子

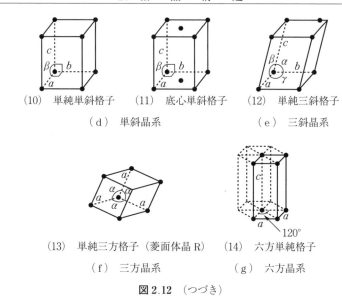

(10) 単純単斜格子　(11) 底心単斜格子　(12) 単純三斜格子

（d）単斜晶系　　　　　　　　　（e）三斜晶系

(13) 単純三方格子（菱面体晶 R）　(14) 六方単純格子

（f）三方晶系　　　　　　（g）六方晶系

図 2.12　（つづき）

2.3　結晶の方向と面を表すミラー指数

空間格子内での任意の方向を示すには，**方向のミラー指数**を用いる[5]。つま

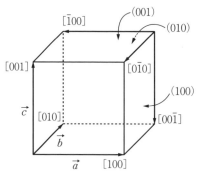

図 2.13　格子方向と格子面

り，図 2.13 に示すように，基本ベクトル $\vec{a}, \vec{b}, \vec{c}$ 軸を用い，結晶内の任意の方向を表すベクトルを $\vec{r}$ とすると

$$\vec{r} = h\vec{a} + k\vec{b} + l\vec{c} \qquad (2.14)$$

のように表すことができる。ここで，h, k, l は公約数を持たない整数である。この指数，h, k, l（方向のミラー指数と呼ぶ）を用いて，結晶内の任意の方向を記述する。つまり，[hkl] のように，かぎ括弧（ブラケット）で示す。すると，図 2.13 の基本ベクトル $\vec{a}, \vec{b}, \vec{c}$ それぞれの方向のミラー指数は，[100]，[010]，[001] と表され，基本ベクトルとは

逆方向，つまり負の方向は[$\bar{1}$00]，[0$\bar{1}$0]，[00$\bar{1}$]と表す。また，$a=b=c$，$\alpha=\beta=\gamma=90°$の立方晶の場合は，[100]，[010]，[001]，[$\bar{1}$00]，[0$\bar{1}$0]，[00$\bar{1}$]の方向はすべて等価であるので，まとめて〈100〉と表す。

空間格子内の面を**格子面**と呼ぶ。この面を示すには，面を表す**ミラー指数**（Miller index）を用いる。このミラー指数は，格子面と基本ベクトルとの交点の原点からの距離が$x=pa$，$y=qb$，$z=rc$（a, b, cは基本ベクトルの大きさ）のとき，p, q, rの逆数の整数比$h:k:l=1/p:1/q:1/r$で格子面を表し，(hkl)のように，丸括弧（パーレン）で示す。また，立方晶の場合，図2.13に示したように(100)面，(010)面，(001)面は原子の並びも同じであり等価である。そこで，これらの面をまとめて{100}と表す。

2.4　結晶の不完全性

固体を構成している原子の配列の周期性によって，（1）**単結晶**（single crystal），（2）**多結晶**（poly crystal），（3）**非晶質**（amorphous）に分類される。図2.14に示すように，単結晶はある有限の範囲にわたって規則正しく三次元的に積み重ねられ，結晶軸がそろっている。図2.15に示すように，多結晶は単結晶が集合した結晶であり，結晶軸はおのおの勝手な方向を向いている。多結晶中の一つの単結晶を**結晶粒**（grain）と呼ぶ。また，各結晶粒の境界を**結晶粒界**（grain boundary）という。図2.16に示すように，狭い範囲

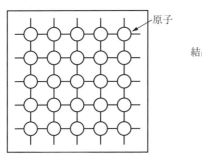

図2.14　単　結　晶

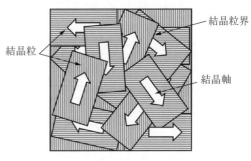

図2.15　多　結　晶

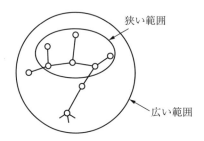

図2.16 非晶質（アモルファス）

(short range) では規則正しい原子の配列が見られるが，広い範囲 (long range) では規則性がないものを非晶質（アモルファス）という。例えば，ガラスは非晶質である。

通常の単結晶でも，必ずある種の不規則性，つまり，欠陥が存在する。結晶のおもな不完全性として，（1）**点欠陥** (point defect)，（2）**線欠陥** (line defect)，（3）**面欠陥** (plane fault) と呼ばれるものがある。まず，点欠陥について説明する。図2.17に示すように，点欠陥には，**空格子点** (vacancy) または，**ショットキー欠陥** (Schottky defect) と呼ばれるものがある。この点欠陥は本来原子があるべきところにないものである。また，**格子間原子** (interstitial atom) または，**フレンケル欠陥** (Frenkel defect) と呼ばれる，原子が格子間のすきまに割り込んで入っているものがある。そして，図2.18に示すように，**アンチサイト欠陥** (antisite defect) と呼ばれる，2種類の原子が互いに位置を交換しているものがある。つぎに，線欠陥について説明する。図2.19に示すように，**転位** (dislocation) と呼ばれる，結晶格子の食い違いに基づく欠陥がある。図中のGEと記した格子面がABの下で欠落している。これは，ABCDの面がすべり面であり，EFのように線状に欠陥が生じている。刃状転位や螺旋転位などがある。つぎに，面欠陥について述べる。図2.20に示すように，**積層欠陥** (stacking fault) と呼ばれる，格子面の積み重ねの秩序に

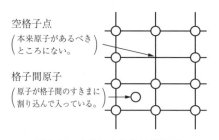

図2.17 空格子点と格子間原子

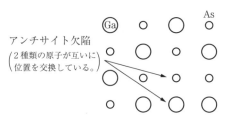

図2.18 アンチサイト欠陥

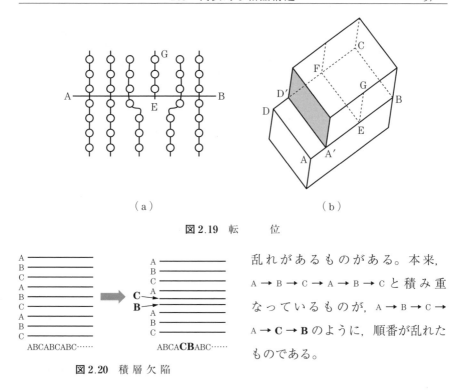

(a)　　　　　　　　　　　　(b)

図 2.19　転　　位

図 2.20　積 層 欠 陥

乱れがあるものがある．本来，A→B→C→A→B→Cと積み重なっているものが，A→B→C→A→**C**→**B**のように，順番が乱れたものである．

2.5　代表的な結晶構造

　結晶はさまざまな構造を持っているが，ここでは図 2.21 に示すような代表的な結晶構造について述べる．まず，元素結晶の中で，体心立方構造を取るものとして Li, Na, K, Cr, Fe, Mo, W などの金属がある．また，図 2.21 (a) のような面心立方構造を取る結晶として Cu, Ag, Au, Ni, Al などの貴金属が挙げられる．さらに，図 2.21 (b) のようなダイヤモンド構造と呼ばれる，二つの面心立方格子を重ねた状態から，一方の格子を体対角線方向に 1/4 だけずらし，ずらす前の立方格子の領域を取り出したものを単位胞とする構造であり，ダイヤモンド，Si, Ge などがある．つぎに，化合物結晶として，図 2.21 (c) のような NaCl 構造と呼ばれる，二つの面心立方格子を重ねた状態から，

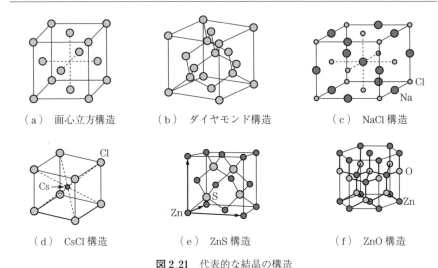

(a) 面心立方構造　(b) ダイヤモンド構造　(c) NaCl 構造

(d) CsCl 構造　(e) ZnS 構造　(f) ZnO 構造

図 2.21　代表的な結晶の構造

一方の立方格子を体対角線方向に1/2ずらし，ずらす前の立方格子の領域を取り出したものを単位胞とする構造で，NaCl，KCl，AgCl，KBr，AgBrなどがある。図2.21(d)のようなCsCl構造は，二つの単純立方格子を重ねた状態から，一方の立方格子を体対角線方向に1/2ずらし，ずらす前の立方格子の領域を取り出したものを単位胞とする構造で，CsCl，CsBr，TlClなどがある。図2.21(e)のようなZnS構造（せん亜鉛鉱）は，Znから成る面心立方格子とSから成る面心立方格子を重ね合わせた状態から，一方の格子を体対角線方向に1/4ずらし，ずらす前の立方格子の領域を取り出したものを単位胞とする構造で，GaAs，InP，ZnS，CuClなどがある。図2.21(f)のようなZnO構造（ウルツル鉱）は，二つの六方最密格子を組み合わせた構造で，ZnO，GaN，CdS，AgIなどがある。

2.6　X線回折と結晶構造

結晶内の原子配列を調べる代表的な方法として**X線回折法**がある。この方法は**ブラッグの回折条件**と呼ばれる条件を基本にした分析方法である。まず，

2.6 X線回折と結晶構造

X線について説明する。**図2.22**に示すように，X線は連続X線と特性X線に分類できる。X線回折法では特性X線が使用される。一般的な特性X線として，銅をターゲットにして高速電子線を当て，K殻から出てくるα線，つまり，

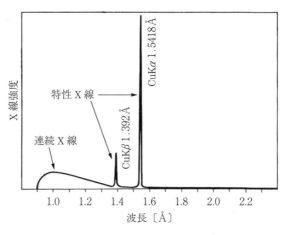

図2.22 特性X線と連続X線[6]

CuKα線が使われることが多い。また，X線回折装置の構成は，X線を発生させるX線管球と試料を回転させるゴニオメータ，そして，検出器から成る。ゴニオメータによって結晶に対するX線の入射角と反射角をつねに等しくすることができる。

つぎに，ブラッグの回折条件について述べる。格子面と，それに平行な格子面との距離を**面間隔**dと呼ぶ。**図2.23**に示すように，X線の波長をλとし，EF面に角度θで入射させる。回折して出てくる反射X線を検出するために検出器を反射角θの方向に回転させ配置する。入射X線に対して反射X線の角度は図のように2θの角度になる。入射角度θを変えながら，反射角も

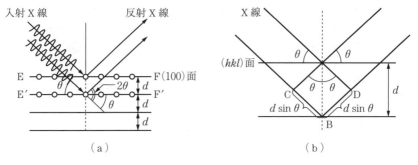

図2.23 X線回折法の原理とブラッグの回折条件

θ となるように検出器の位置も変えていき，つねに入射角と反射角が同じになるように走査する。ここで，EF 面からの反射 X 線と下の E′F′ 面からの反射 X 線の位相が合っていれば強め合う。したがって，距離 CB + BD が波長 λ の整数倍のとき強め合う。つまり

$$2d\sin\theta = n\lambda \quad (n = 1, 2, \cdots) \tag{2.15}$$

となる。これを**ブラッグの回折条件**という。これは，入射角 θ と反射角 θ を走査させると，式 (2.15) が成立する角度 θ のところで，X 線は強く反射する。この角度 θ と X 線回折ピークの幅などを分析することで，格子定数，格子面，格子ひずみなどの情報を得ることができる。

演習問題

2.1 正負イオンが**図 2.24** のように二次元正方格子で配列している。
(1) 正方形 E，F，G，H 内のイオンのみを考えたときの，マーデルング定数 α を求めなさい。
(2) 正方形 OPQR 内のイオンのみを考えたときの，マーデルング定数 α を求めなさい。

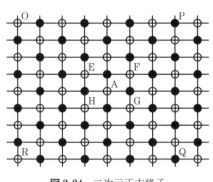

図 2.24　二次元正方格子

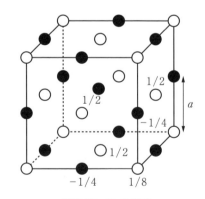

図 2.25　NaCl 構造

2.2 図 2.25 の NaCl 構造のマーデルング定数 α を求めなさい。Na イオンと Cl イオン間の最近接距離を a とする。ただし，図 2.25 の立方体内部のみを考慮して計

演習問題

2.3 ダイヤモンド構造における
（1） 最近接原子間距離 l
（2） 結合の角度 θ

を求めなさい。ただし，格子定数を a とする。

2.4 Si 原子の原子量は 28 であり，格子定数は 5.43 Å（5.43×10^{-10} m）である。Si 結晶の密度〔kg/m³〕を求めなさい。ただし，アボガドロ数は，6.02×10^{23} 個/mol である。

2.5 半導体 GaAs はせん亜鉛鉱構造である。格子定数 $a = 5.653$ Å，アボガドロ数 6.02×10^{23} 個/mol，Ga の原子量は 69.72，As の原子量は 74.92 である。以下の問に答えなさい。

（1） Ga 原子と As 原子の最近接原子間距離 l を求めなさい。
（2） Ga 原子と As 原子の結合の角度 θ を求めなさい。
（3） GaAs の単位格子の中に，Ga 原子と As 原子は，それぞれ何個含まれているか。
（4） GaAs 結晶の密度〔kg/m³〕を求めなさい。

3 格子振動と熱的性質

　固体の多くは加熱すると膨張し，ある温度（融点）以上になると，液体になる。なぜ，固体を加熱するとこのようなことが起きるのか。本章では，固体中の原子の運動と熱的な性質について学ぶ。

　前章で，原子は互いに引き合う力が働くため凝集し固体になることを述べた。逆に近付きすぎれば互いの原子の電子どうしが反発するため離れようとする斥力が生まれる。この性質はばねで結ばれたおもりの状態と同じように考えることができる。また，原子は静止しているわけではなく振動しており（格子振動），温度が高くなると激しくなる。これはばねで結ばれた原子どうしが振動しているというモデルで考えることで基本的な性質を知ることができる。波と考えられていた光が粒子でもあったのと同様に，格子振動も波であるので粒子性も持っており，この粒子のことを**フォノン**（音子）と呼ぶ。熱力学では理想気体分子の平均エネルギー$\langle\varepsilon\rangle$に比例する量として温度が定義されている。つまり，$\langle\varepsilon\rangle=(3/2)k_B T$によって，温度$T$という量が定義されている。結晶の温度は，金属以外ではフォノンのエネルギーによって決まる。フォノンのエネルギーの平均が高いことを温度が高いという。1ｇの結晶の温度を1K上げるのに必要なエネルギーを比熱というが，これは，フォノンを1K上げるのに必要なエネルギーのことである。アインシュタインは結晶の比熱を説明するとき，原子間の相互作用はないものとして原子の振動を考え説明した。後に，デバイは原子どうしはばねで結ばれているように相互作用すると考えて比熱の理論式を導出した。熱の流れである熱伝導はフォノンの粒子の流れであり，これから熱伝導率が導かれた。

ピーター・デバイ（オランダ）

3.1 同種原子から成る一次元格子振動

図 3.1 のように重さ m のおもりがばねにつながれている。ばね定数を k_0 とし，ばねが伸びる方向を距離 x の正方向とする。ばねが伸びも縮みもしない平衡状態の位置 x を $x=0$ とする。

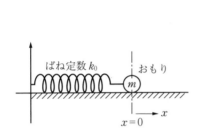

図 3.1 ばねにつながれているおもり

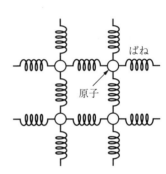

図 3.2 ばねにつながれている原子モデル

おもりがばねから受ける力の方向は，$x>0$ のところにおもりがあるときには $-x$ 方向の縮む力が働くので負，$x<0$ のところに，おもりがあるときには，$+x$ 方向の伸びる力が働くので正の向きとなる。つまり，おもりに働く力は，ばね定数を k_0 とすると

$$\vec{F} = -k_0 x \vec{i_1} \tag{3.1}$$

と負号が付く。$\vec{i_1}$ は x 方向の単位ベクトルである。ここで，ニュートンの法則

$$\vec{F} = m\vec{a} = m\frac{d^2 x}{dt^2}\vec{i_1} \tag{3.2}$$

より，加速度とばね係数との関係は

$$m\frac{d^2 x}{dt^2} = -k_0 x \tag{3.3}$$

が成立する。

また，結晶中の原子は振動（熱振動）をしている．二次元結晶を考えると，この振動は**図3.2**に示すように，ばねに取り付けられたおもりの振動と同様に，結晶中の原子の振動を考えることができる．考えやすくするため**図3.3**のように，質量Mの原子がばね係数k_0で結合され，平衡時の原子間隔をaとする一次元結晶モデルを考える．振動時の平衡位置からのずれを$u_0, u_1, u_2, \cdots,$ $u_{n-1}, u_n, u_{n+1} \cdots$とする．また，単純化して考えやすくするために，原子間の相互作用は最近接原子間のみに働くと仮定する．すると，n番目の原子が受ける力は，$(n-1)$番目と$(n+1)$番目の原子からの力である．$(n-1)$番目の原子からの力は，式(3.1)より

$$\vec{F} = -k_0(u_n - u_{n-1})\vec{i_1} \tag{3.4}$$

となる．変位u_nの方がu_{n-1}より大きいと変位の差$(u_n - u_{n-1})$は正となり，力の方向は$-x$方向に働く．同様に，$(n+1)$番目からの力は

$$\vec{F} = -k_0(u_n - u_{n+1})\vec{i_1} \tag{3.5}$$

となり，変位u_nの方がu_{n+1}より大きいと，変位の差$(u_n - u_{n+1})$は正となり$-x$方向に力が働く．よって，n番目の原子の運動方程式は

$$M\frac{d^2 u_n}{dt^2}\vec{i_1} = -k_0(u_n - u_{n-1})\vec{i_1} - k_0(u_n - u_{n+1})\vec{i_1}$$

$$\therefore M\frac{d^2 u_n}{dt^2} = k_0(u_{n-1} + u_{n+1} - 2u_n) \tag{3.6}$$

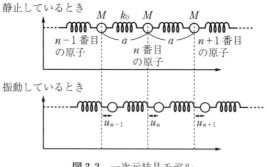

図3.3　一次元結晶モデル

3.1 同種原子から成る一次元格子振動

となる。この運動方程式の一般解は

$$u_n = Ae^{i(qna-\omega t)} \tag{3.7}$$

と仮定できる。ここで，$q = \omega/V_s = 2\pi/\lambda$ は波数であり，na は平衡状態における n 番目の原子の原点からの距離である。ω は角振動数，V_s はこの結晶中を音波が伝わるときの音速，λ は格子振動の波の波長である。式 (3.7) を式 (3.6) に代入して ω を求める。式 (3.6) の左辺は

$$M\frac{d^2 u_n}{dt^2} = M\frac{d^2}{dt^2} Ae^{i(qna-\omega t)} = M\frac{d}{dt}(-i\omega)Ae^{i(qna-\omega t)}$$

$$= -M\omega^2 Ae^{i(qna-\omega t)} = -M\omega^2 u_n \tag{3.8}$$

となり，式 (3.6) の右辺は

$$k_0(u_{n-1} + u_{n+1} - 2u_n) = k_0(Ae^{i(q(n-1)a-\omega t)} + Ae^{i(q(n+1)a-\omega t)} - 2Ae^{i(qna-\omega t)})$$

$$= k_0(e^{-iqa}u_n + e^{iqa}u_n - 2u_n)$$

$$= k_0(e^{-iqa} + e^{iqa} - 2)u_n \tag{3.9}$$

である。よって，式 (3.8) = 式 (3.9) より

$$-M\omega^2 u_n = k_0(\overset{①}{\overbrace{e^{-iqa}}} + \overset{①}{\overbrace{e^{iqa}}} - 2)u_n$$

$$-M\omega^2 = k_0(\cos qa - i\sin qa + \cos qa + i\sin qa - 2)$$

$$-M\omega^2 = 2k_0(\cos qa - 1)$$

$$M\omega^2 = 2k_0 \overbrace{(1 - \cos qa)}^{1-\cos\theta = 2\sin^2\frac{\theta}{2}}$$

$$M\omega^2 = 4k_0 \sin^2 \frac{qa}{2}$$

$$\omega^2 = \frac{4k_0}{M} \sin^2 \frac{qa}{2} \quad \therefore \omega = \pm\sqrt{\frac{4k_0}{M} \sin^2 \frac{qa}{2}}$$

> **ワンポイント**
> オイラーの公式
> $e^{\pm ikx} = \cos kx \pm i \sin kx$ …①

となる。角周波数は正なので

$$\therefore \omega = 2\sqrt{\frac{k_0}{M} \sin^2 \frac{qa}{2}} \tag{3.10}$$

となる。ω と q の関係は，図3.4のようになる。ω に $\hbar$ を掛けた $\hbar\omega$ はド・ブロイの関係式 (1.5) よりエネルギー ε を表す。つまり，各波数 $q = 2\pi/\lambda$ の波，つまり，各波長 $\lambda = 2\pi/q$ の波の持つエネルギー

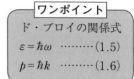

ワンポイント
ド・ブロイの関係式
$\varepsilon = \hbar\omega$ ………(1.5)
$p = \hbar k$ ………(1.6)

を表している。この ω-q 曲線を格子振動の**分散曲線**という。一般に，$|q| \leq \pi/a$ の領域のみを考えればよく（後述），この領域を**第一ブリルアンゾーン**という。なぜ他の領域を考えなくてよいかというと，図3.5のように，第一ブリルアンゾーン以外の波長は短く，原子のないところの波を考えることになるからである。つまり，図 (a)

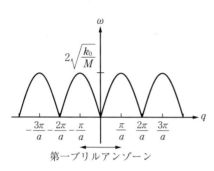

図3.4 格子振動の ω-q 分散曲線

の第一ブリルアンゾーンの波長の振動と，図 (b) の第三ブリルアンゾーンの波長の振動は，原子の動きとしてはまったく同じ現象である，という意味で等価である。

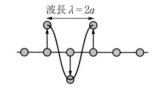

波数 $q = \dfrac{\pi}{a}$，つまり，波長 $\lambda = 2a$ の波の振動の様子

$q = \dfrac{\pi}{a} = \dfrac{2\pi}{\lambda}$

$\therefore \lambda = 2a$

（a） 第一ブリルアンゾーンの振動

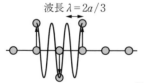

波数 $q = \dfrac{3\pi}{a}$，つまり，波長 $\lambda = \dfrac{2a}{3}$ の波の振動の様子

$q = \dfrac{3\pi}{a} = \dfrac{2\pi}{\lambda}$

$\therefore \lambda = \dfrac{2a}{3}$

$q = \dfrac{\pi}{a}$ のときの波長とは異なるが，原子の振動の仕方は同じ
→第一ブリルアンゾーンだけ考えればよい

（b） 第三ブリルアンゾーンの振動

図3.5 第一，第三ブリルアンゾーンの振動の様子

3.2 二種原子から成る一次元格子振動

質量の異なる原子が交互に並んだ図3.6の一次元格子を考える。格子定数は a_0 であり,原点からの距離が na_0 の原子の質量を M_1, 距離が $(n+(1/2))a_0$ の原子の質量を M_2 とし,周期的に繰り返されている。

〔1〕 原点からの距離が $(n+1)a_0$ の質量 M_1 の原子が,原点からの距離が $(n+(3/2))a_0$ の質量 M_2 の原子から受ける力

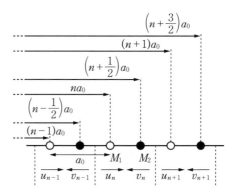

図3.6 2種類の原子から成る一次元格子モデル

$(n+1)a_0$ の原子の変位を u_{n+1}, $(n+(3/2))a_0$ の原子の変位を v_{n+1} とする。図3.7(a)に示すように,$(n+(3/2))a_0$ の原子の平衡位置からの変位 v_{n+1} が $-x$ 方向,つまり,$v_{n+1}<0$ の場合を考える。

(1) $(n+1)a_0$ の原子の変位 u_{n+1} が図中(a)の(1)のように $+x$ 方向で,v_{n+1} の大きさより<u>大きい場合</u>

$u_{n+1}>0$ および $v_{n+1}<0$ であるので,$u_{n+1}-v_{n+1}>0$ となる。つまり,$(n+1)a_0$ の原子と $(n+(3/2))a_0$ の原子の間の距離は縮み,$(n+(3/2))a_0$ の原子を基準にすると,$(n+1)a_0$ の原子は $-x$ 方向に力を受ける。つまり,$(n+1)a_0$ の原子が $(n+(3/2))a_0$ の原子から受ける力を表す式は

$$\vec{F}_{n+1,n+\frac{3}{2}} = -k_0 \overbrace{\underbrace{(u_{n+1}-v_{n+1})}_{>0}}^{<0,\ -x方向の力}\vec{i}_1 \tag{3.11a}$$

と書ける。

(2) $(n+1)a_0$ の原子の変位 u_{n+1} が図中(a)の(2)のように $+x$ 方向で,v_{n+1} の大きさより<u>小さい場合</u>

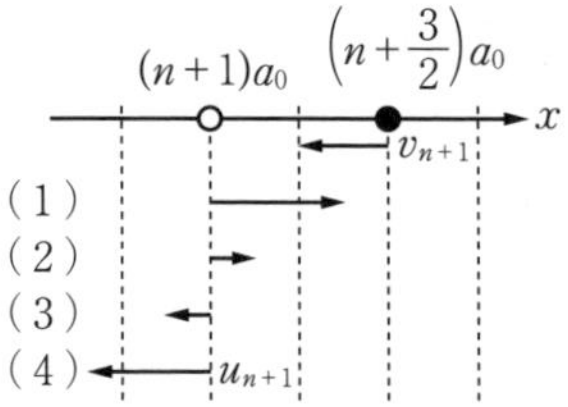

3. 格子振動と熱的性質

(a) $v_{n+1}<0$ のときに，$(n+1)a_0$ の原子が受ける力の方向

	u_{n+1}	v_{n+1}	$u_{n+1}-v_{n+1}$	(A) $(n+1)a_0$ と $\left(n+\frac{3}{2}\right)a_0$ の原子間距離	(B) $(n+1)a_0$ の原子が $\left(n+\frac{3}{2}\right)a_0$ の原子から受ける力 $\vec{F}=-k_0(u_{n+1}-v_{n+1})$ の方向
(1)	>0	<0	>0	縮む	$-x$ 方向
(2)	>0	<0	>0	縮む	$-x$ 方向
(3)	<0	<0	>0	縮む	$-x$ 方向
(4)	<0	<0	<0	伸びる	$+x$ 方向

(b) $v_{n+1}>0$ のときに，$(n+1)a_0$ の原子が受ける力の方向

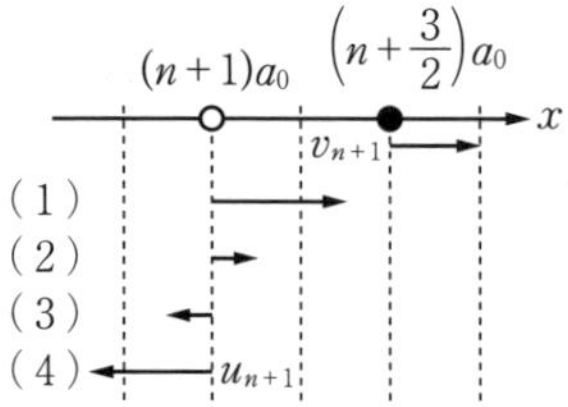

	u_{n+1}	v_{n+1}	$u_{n+1}-v_{n+1}$	(A) $(n+1)a_0$ と $\left(n+\frac{3}{2}\right)a_0$ の原子間距離	(B) $(n+1)a_0$ の原子が $\left(n+\frac{3}{2}\right)a_0$ の原子から受ける力 $\vec{F}=-k_0(u_{n+1}-v_{n+1})$ の方向
(1)	>0	>0	>0	縮む	$-x$ 方向
(2)	>0	>0	<0	伸びる	$+x$ 方向
(3)	<0	>0	<0	伸びる	$+x$ 方向
(4)	<0	>0	<0	伸びる	$+x$ 方向

図 3.7 $(n+(3/2))a_0$ の原子を基準にしたときに，$(n+1)a_0$ の原子に働く力の方向

$u_{n+1}>0$ および $v_{n+1}<0$ であるので，$u_{n+1}-v_{n+1}>0$ となる．つまり，$(n+1)a_0$ の原子と $(n+(3/2))a_0$ の原子の間の距離は縮み，$(n+(3/2))a_0$ の原子を基準にすると，$(n+1)a_0$ の原子は $-x$ 方向に力を受ける．つまり，$(n+1)a_0$ の原子が $(n+(3/2))a_0$ の原子から受ける力を表す式は（3.11a）と同じ式となる．

（3） $(n+1)a_0$ の原子の変位 u_{n+1} が図中（a）の（3）のように $-x$ 方向で，v_{n+1} の大きさより<u>小さい場合</u>

$u_{n+1}<0$ および $v_{n+1}<0$ であるので，$u_{n+1}-v_{n+1}>0$ となる．つまり，$(n+1)a_0$ の原子と $(n+(3/2))a_0$ の原子の間の距離は縮み，$(n+1)a_0$ の原子は $-x$ 方向に力を受ける．つまり，$(n+1)a_0$ の原子が $(n+(3/2))a_0$ の原子から受ける力を表す式は式（3.11a）と同じ式となる．

（4） $(n+1)a_0$ の原子の変位 u_{n+1} が図中（a）の（4）のように $-x$ 方向で，v_{n+1} の大きさより<u>大きい場合</u>

$u_{n+1}<0$ および $v_{n+1}<0$ であるので，$u_{n+1}-v_{n+1}<0$ となる．つまり，$(n+1)$

a_0 の原子と $(n+(3/2))a_0$ の原子の間の距離はいままでとは逆に"伸び",$(n+1)a_0$ の原子は"$+x$"方向に力を受ける。つまり,$(n+1)a_0$ の原子が $(n+(3/2))a_0$ の原子から受ける力を表す式は

$$\vec{F}_{n+1,n+\frac{3}{2}} = -k_0 \overbrace{(\underbrace{u_{n+1}-v_{n+1}}_{<0})}^{>0,\,+x方向の力} \vec{i}_1$$

のように,式 (3.11 a) と同じ形で表してかまわないことがわかる。

つぎに,図 3.7 (b) に示すような,$(n+(3/2))a_0$ の原子の平衡位置からの変位 v_{n+1} が $+x$ 方向,つまり,$v_{n+1}>0$ の場合を考える。この場合も同様に考えることができ,図中 (b) の (1) ~ (4) のような,$(n+1)a_0$ の原子の変位の仕方に対しても,その原子に働く力は

$$\vec{F}_{n+1,n+\frac{3}{2}} = -k_0(u_{n+1}-v_{n+1})\vec{i}_1 \tag{3.11 b}$$

と表すことができる。つまり,$(n+1)a_0$ の原子と $(n+(3/2))a_0$ の原子が近付いている場合でも,離れている場合でも,式 (3.11 a),(3.11 b) として表してよいことがわかる。

〔2〕 原点からの距離が $(n+1)a_0$ の質量 M_1 の原子が,原点からの距離が $(n+(1/2))a_0$ の質量 M_2 の原子から受ける力

$(n+1)a_0$ の原子の変位を u_{n+1},$(n+(1/2))a_0$ の原子の変位を v_n とする。すると,$(n+1)a_0$ の原子が $(n+(1/2))a_0$ の原子から受ける力を表す式は,先ほどと同様な考え方から

$$\vec{F}_{n+1,n+\frac{1}{2}} = -k_0(u_{n+1}-v_n)\vec{i}_1 \tag{3.12}$$

と表すことができる。

したがって,原点から距離 $(n+1)a_0$ の原子に働く力は,$(n+(1/2))a_0$ と $(n+(3/2))a_0$ の原子から受ける力の和であるから

$$\vec{F} = \vec{F}_{n+1,n+\frac{3}{2}} + \vec{F}_{n+1,n+\frac{1}{2}}$$

$$= -k_0\left(u_{n+1}-v_{n+1}\right)\vec{i_1} - k_0\left(u_{n+1}-v_n\right)\vec{i_1}$$

$$= -k_0\left(2u_{n+1}-v_n-v_{n+1}\right)\vec{i_1} \tag{3.13}$$

となり，運動方程式は

$$M_1\frac{d^2u_{n+1}}{dt^2} = -k_0\left(2u_{n+1}-v_n-v_{n+1}\right) \tag{3.14}$$

となる。つぎに

〔3〕 **原点からの距離が $(n+(1/2))a_0$ の質量 M_2 の原子が，原点からの距離 $(n+1)a_0$ の質量 M_1 の原子から受ける力**

$(n+(1/2))a_0$ の原子の変位を v_n，$(n+1)a_0$ の原子の変位を u_{n+1} とする。$(n+(1/2))a_0$ の原子と $(n+1)a_0$ の原子が近付き，ばねが縮むときも，原子が離ればねが伸びるときも，$(n+(1/2))a_0$ の原子が受ける力は，先ほどと同様にして

$$\vec{F}_{n+\frac{1}{2},n+1} = -k_0\left(v_n-u_{n+1}\right)\vec{i_1} \tag{3.15}$$

と表すことができる。

〔4〕 **原点からの距離が $(n+(1/2))a_0$ の質量 M_2 の原子が，原点からの距離 na_0 の質量 M_1 の原子から受ける力**

$(n+(1/2))a_0$ の原子の変位を v_n，na_0 の原子の変位を u_n とする。$(n+(1/2))a_0$ の原子と na_0 の原子が近付き，ばねが縮むときも，原子が離ればねが伸びるときも，$(n+(1/2))a_0$ の原子が受ける力は，先ほどと同様にして

$$\vec{F}_{n+\frac{1}{2},n} = -k_0\left(v_n-u_n\right)\vec{i_1} \tag{3.16}$$

と表すことができる。

したがって，原点から距離 $(n+(1/2))a_0$ の原子に働く力は，na_0 と $(n+1)a_0$ の原子から受ける力の和であるから

3.2 二種原子から成る一次元格子振動

$$\vec{F} = \vec{F}_{n+\frac{1}{2}, n+1} + \vec{F}_{n+\frac{1}{2}, n}$$

$$= -k_0(v_n - u_{n+1})\vec{i_1} - k_0(v_n - u_n)\vec{i_1}$$

$$= -k_0(2v_n - u_n - u_{n+1})\vec{i_1} \tag{3.17}$$

となり，運動方程式は

$$M_2 \frac{d^2 v_n}{dt^2} = -k_0(2v_n - u_n - u_{n+1}) \tag{3.18}$$

となる。ここで

$$u_n = A_1 e^{i(qna - \omega t)} \tag{3.19}$$

$$v_n = A_2 e^{i\left(q\left(n+\frac{1}{2}\right)a - \omega t\right)} \tag{3.20}$$

なる解を探す[17]。

ワンポイント

$$M_1 \frac{d^2 u_{n+1}}{dt^2} = -k_0(2u_{n+1} - v_n - v_{n+1}) \cdots (3.14)$$

式 (3.14) の左辺は

$$M_1 \frac{d^2 u_{n+1}}{dt^2} = M_1 \frac{d^2}{dt^2} A_1 e^{i(q(n+1)a - \omega t)} = M_1 \frac{d}{dt} A_1(-i\omega) e^{i(q(n+1)a - \omega t)}$$

$$= M_1 A_1(-i\omega)^2 e^{i(q(n+1)a - \omega t)} = -M_1 \omega^2 A_1 e^{i(q(n+1)a - \omega t)} \tag{3.21}$$

式 (3.14) の右辺は

$$-k_0(2u_{n+1} - v_n - v_{n+1}) = -k_0 \left(2A_1 e^{i(q(n+1)a - \omega t)} - A_2 e^{i\left(q\left(n+\frac{1}{2}\right)a - \omega t\right)}\right.$$

$$\left. - A_2 e^{i\left(q\left(n+\frac{1}{2}+1\right)a - \omega t\right)}\right)$$

$$= -k_0 2 A_1 e^{i(q(n+1)a - \omega t)} + k_0 A_2 e^{i(q(n+1)a - \omega t)}$$

ワンポイント
オイラーの公式
$e^{\pm ikx} = \cos kx \pm i \sin kx$

$$\times \left(e^{-iq\frac{1}{2}a} + e^{+iq\frac{1}{2}a}\right)$$

$$= -k_0 2 A_1 e^{i(q(n+1)a - \omega t)} + k_0 A_2 e^{i(q(n+1)a - \omega t)}$$

$$\times \left(\cos q\frac{1}{2}a - i\sin q\frac{1}{2}a + \cos q\frac{1}{2}a + i\sin q\frac{1}{2}a\right)$$

$$= -k_0 2A_1 e^{i(q(n+1)a-\omega t)} + k_0 A_2 e^{i(q(n+1)a-\omega t)} 2\cos q \frac{1}{2}a$$

(3.22)

式 (3.21) = 式 (3.22) より

$$-M_1\omega^2 A_1 e^{i(q(n+1)a-\omega t)} = -k_0 2A_1 e^{i(q(n+1)a-\omega t)} + k_0 A_2 e^{i(q(n+1)a-\omega t)} 2\cos q \frac{1}{2}a$$

$$-M_1\omega^2 A_1 = -k_0 2A_1 + k_0 A_2 2\cos q \frac{1}{2}a$$

$$\therefore \left(M_1\omega^2 - 2k_0\right)A_1 + \left(2k_0 \cos q \frac{1}{2}a\right)A_2 = 0 \qquad (3.23)$$

もう一方の運動方程式 (3.18) の左辺は

$$M_2 \frac{d^2 v_n}{dt^2} = M_2 \frac{d^2}{dt^2} A_2 e^{i\left(q\left(n+\frac{1}{2}\right)a-\omega t\right)} = M_2 \frac{d}{dt} A_2 (-i\omega) e^{i\left(q\left(n+\frac{1}{2}\right)a-\omega t\right)}$$

$$= M_2 A_2 (-i\omega)^2 e^{i\left(q\left(n+\frac{1}{2}\right)a-\omega t\right)} = -M_2 \omega^2 A_2 e^{i\left(q\left(n+\frac{1}{2}\right)a-\omega t\right)} \quad (3.24)$$

式 (3.18) の右辺は

> **ワンポイント**
> $M_2 \dfrac{d^2 v_n}{dt^2} = -k_0 \left(2v_n - u_n - u_{n+1}\right) \cdots (3.18)$
> $u_n = A_1 e^{i(qna-\omega t)}$ ………………(3.19)
> $v_n = A_2 e^{i\left(q\left(n+\frac{1}{2}\right)a-\omega t\right)}$ ……………(3.20)

$$-k_0\left(2v_n - u_n - u_{n+1}\right) = -k_0 \left(2A_2 e^{i\left(q\left(n+\frac{1}{2}\right)a-\omega t\right)} - A_1 e^{i(qna-\omega t)} - A_1 e^{i(q(n+1)a-\omega t)}\right)$$

$$= -k_0 2A_2 e^{i\left(q\left(n+\frac{1}{2}\right)a-\omega t\right)} + k_0 A_1 e^{i\left(q\left(n+\frac{1}{2}\right)a-\omega t\right)}$$

$$\times \left(e^{-iq\frac{1}{2}a} + e^{+iq\frac{1}{2}a}\right)$$

$$= -k_0 2A_2 e^{i\left(q\left(n+\frac{1}{2}\right)a-\omega t\right)} + k_0 A_1 e^{i\left(q\left(n+\frac{1}{2}\right)a-\omega t\right)}$$

$$\times \left(\cos q\frac{1}{2}a - i\sin q\frac{1}{2}a + \cos q\frac{1}{2}a + i\sin q\frac{1}{2}a\right)$$

$$= -k_0 2A_2 e^{i\left(q\left(n+\frac{1}{2}\right)a-\omega t\right)} + k_0 A_1 e^{i\left(q\left(n+\frac{1}{2}\right)a-\omega t\right)} 2\cos q\frac{1}{2}a$$

(3.25)

式 (3.24) ＝式 (3.25) より

$$-M_2\omega^2 A_2 e^{i\left(q\left(n+\frac{1}{2}\right)a-\omega t\right)} = -k_0 2 A_2 e^{i\left(q\left(n+\frac{1}{2}\right)a-\omega t\right)}$$
$$+ k_0 A_1 e^{i\left(q\left(n+\frac{1}{2}\right)a-\omega t\right)} 2\cos q\frac{1}{2}a$$

$$-M_2\omega^2 A_2 = -k_0 2 A_2 + k_0 A_1 2\cos q\frac{1}{2}a_0$$

$$\therefore \left(-2k_0 \cos q\frac{1}{2}a\right)A_1 + \left(-M_2\omega^2 + k_0 2\right)A_2 = 0 \tag{3.26}$$

以上をまとめると

$$\left(M_1\omega^2 - 2k_0\right)A_1 + \left(2k_0 \cos q\frac{1}{2}a\right)A_2 = 0 \tag{3.23}$$

$$\left(2k_0 \cos q\frac{1}{2}a\right)A_1 + \left(M_2\omega^2 - 2k_0\right)A_2 = 0 \tag{3.26}$$

となる。

ここで，$A_1 = A_2 = 0$ 以外で，この連立方程式が解を持つ条件は，行列式が 0，つまり

$$\begin{vmatrix} M_1\omega^2 - 2k_0 & 2k_0 \cos q\frac{a}{2} \\ 2k_0 \cos q\frac{a}{2} & M_2\omega^2 - 2k_0 \end{vmatrix} = 0 \tag{3.27}$$

となる。よって

$$\left(M_1\omega^2 - 2k_0\right)\left(M_2\omega^2 - 2k_0\right) - \left(2k_0 \cos q\frac{a}{2}\right)^2 = 0$$

$$M_1\omega^2 M_2\omega^2 - 2k_0 M_2\omega^2 - 2k_0 M_1\omega^2 + 4k_0^2 - 4k_0^2 \cos^2 q\frac{a}{2} = 0$$

$$M_1 M_2 \omega^4 - 2k_0\left(M_1 + M_2\right)\omega^2 + 4k_0^2 - 4k_0^2 \cos^2 q\frac{a}{2} = 0$$

$$\therefore \omega^2 = \frac{2k_0(M_1+M_2) \pm \sqrt{4k_0^2(M_1+M_2)^2 - 4M_1M_2\left(4k_0^2 - 4k_0^2\cos^2 q\frac{a}{2}\right)}}{2M_1M_2}$$

$$= \frac{2k_0(M_1+M_2) \pm \sqrt{4k_0^2(M_1+M_2)^2 - 4M_1M_2 4k_0^2\overset{①}{\left(1-\cos^2 q\frac{a}{2}\right)}}}{2M_1M_2}$$

$$= \frac{k_0}{M_1M_2}\left\{(M_1+M_2) \pm \sqrt{(M_1+M_2)^2 - M_1M_2 4\sin^2 q\frac{a}{2}}\right\} \quad (3.28)$$

±が含まれているので,ω_- と ω_+ を,以下のようにする.

ワンポイント
$\sin^2 q\frac{a}{2} + \cos^2 q\frac{a}{2} = 1 \quad \cdots ①$

$$\begin{cases} \omega_-^2 = \dfrac{k_0}{M_1M_2}\left\{(M_1+M_2) - \sqrt{(M_1+M_2)^2 - M_1M_2 4\sin^2 q\dfrac{a}{2}}\right\} & (3.29\,\mathrm{a}) \\[2mm] \omega_+^2 = \dfrac{k_0}{M_1M_2}\left\{(M_1+M_2) + \sqrt{(M_1+M_2)^2 - M_1M_2 4\sin^2 q\dfrac{a}{2}}\right\} & (3.29\,\mathrm{b}) \end{cases}$$

したがって

$$\begin{cases} \omega_- = \pm\sqrt{\dfrac{k_0}{M_1M_2}\left\{(M_1+M_2) - \sqrt{(M_1+M_2)^2 - M_1M_2 4\sin^2 q\dfrac{a}{2}}\right\}} & (3.30\,\mathrm{a}) \\[2mm] \omega_+ = \pm\sqrt{\dfrac{k_0}{M_1M_2}\left\{(M_1+M_2) + \sqrt{(M_1+M_2)^2 - M_1M_2 4\sin^2 q\dfrac{a}{2}}\right\}} & (3.30\,\mathrm{b}) \end{cases}$$

角振動数は正なので

$$\therefore \begin{cases} \omega_- = \sqrt{\dfrac{k_0}{M_1M_2}\left\{(M_1+M_2) - \sqrt{(M_1+M_2)^2 - M_1M_2 4\sin^2 q\dfrac{a}{2}}\right\}} & (3.31\,\mathrm{a}) \\[2mm] \omega_+ = \sqrt{\dfrac{k_0}{M_1M_2}\left\{(M_1+M_2) + \sqrt{(M_1+M_2)^2 - M_1M_2 4\sin^2 q\dfrac{a}{2}}\right\}} & (3.31\,\mathrm{b}) \end{cases}$$

となる.したがって,$q=0$ の原点での ω_- は

3.2 二種原子から成る一次元格子振動

$$\omega_- = \sqrt{\frac{k_0}{M_1M_2}\left\{(M_1+M_2) - \sqrt{(M_1+M_2)^2 - M_1M_2 4\underbrace{\sin^2 0}_{=0} \cdot \frac{a}{2}}\right\}}$$

$$= \sqrt{\frac{k_0}{M_1M_2}\underbrace{\left\{(M_1+M_2) - (M_1+M_2)\right\}}_{=0}}$$

$$= 0$$

$$\therefore \omega_- = 0 \qquad (3.32)$$

となる。同様に $q=0$ の原点での ω_+ は

$$\omega_+ = \sqrt{\frac{k_0}{M_1M_2}\left\{(M_1+M_2) + \sqrt{(M_1+M_2)^2 - M_1M_2 4\underbrace{\sin^2 0}_{=0} \cdot \frac{a}{2}}\right\}}$$

$$= \sqrt{\frac{k_0}{M_1M_2}\left\{(M_1+M_2) + (M_1+M_2)\right\}}$$

$$= \sqrt{\frac{2k_0(M_1+M_2)}{M_1M_2}}$$

$$= \sqrt{2k_0\left(\frac{1}{M_1} + \frac{1}{M_2}\right)}$$

$$\therefore \omega_+ = \sqrt{2k_0\left(\frac{1}{M_1} + \frac{1}{M_2}\right)} \qquad (3.33)$$

となる。二種原子から成る格子振動の ω-q 曲線を図 3.8 に示す。

つぎに,格子振動の振幅について調べる。ω_- では,$q \to 0$ のとき,$\omega_- = 0$ なので,式 (3.23) から

$$\left(M_1 \overbrace{\omega^2}^{\omega_-=0} - 2k_0\right)A_1 + 2k_0 A_2$$

$$\times \underbrace{\cos q \frac{a}{2}}_{=1} = 0$$

$$\to -2k_0 A_1 + 2k_0 A_2 = 0$$

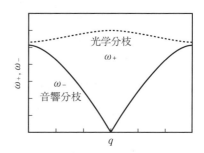

図 3.8 二種原子から成る格子振動の ω-q 曲線

$$\therefore \frac{A_1}{A_2} = 1 \quad (3.34)$$

ワンポイント
$$\left(M_1\omega^2 - 2k_0\right)A_1 + \left(2k_0\cos q\frac{1}{2}a\right)A_2 = 0 \quad \cdots(3.23)$$

となる．つまり，図3.9 (a)に示すように，ω_-でのna_0，および，$(n+(1/2))a_0$の原子は同一方向に変位することを表している．この振動の仕方（**モード**）を，**音響分岐**と呼ぶ．また，ω_+モードでは，$q \to 0$のとき，$\omega_+ = \sqrt{2k_0\left((1/M_1)+(1/M_2)\right)}$なので，式(3.23)から

$$\omega_+ = \sqrt{2k_0\left(\frac{1}{M_1}+\frac{1}{M_2}\right)}$$

$$\left(M_1\omega^2 - 2k_0\right)A_1 + 2k_0 A_2 \underbrace{\cos q\frac{a}{2}}_{=0} = 0 \quad \overset{=1}{}$$

$$M_1 \cdot 2k_0\left(\frac{1}{M_1}+\frac{1}{M_2}\right)A_1 - 2k_0 A_1 + 2k_0 A_2 = 0$$

$$\left(1+\frac{M_1}{M_2}\right)A_1 - A_1 = -A_2$$

$$\frac{M_1}{M_2}A_1 = -A_2$$

$$\therefore \frac{A_1}{A_2} = -\frac{M_2}{M_1} \quad (3.35)$$

となる．つまり，図3.9（b）に示すように，ω_+モードではna_0，および，$(n+(1/2))a_0$の原子の振動は，反対方向に変位することを表している．この振動のモードを，**光学分岐**と呼ぶ．図3.8より光学分岐で振動している格子振動のエネルギー$\hbar\omega_+$は，0になることはないことがわかる．また，音響分岐で振動している格子振動のエネルギーは，$q=0$のとき，エネルギーは0になり，qが大きく（波長$\lambda(=2\pi/q)$が短く）なると，大きなエネルギーを持つことがわかる．

つぎに三次元に拡張して考えた場合，音響分枝と光学分枝，それぞれに対して，**図3.10**のように縦波1個と横波2個の振動が考えられる．したがって，**図3.11**に示したような光学分岐三つ，音響分岐三つ，合計6本のω-q曲線が

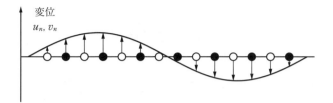

（a） 音響分枝

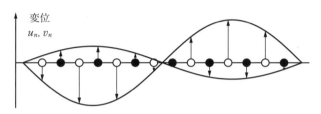

（b） 光学分枝

図 3.9　音響分枝と光学分枝の振動の仕方

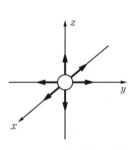

図 3.10　三次元格子の縦
　　　　　波と横波

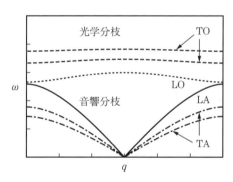

図 3.11　三次元結晶格子の ω-q 曲線

得られる．つまり，三次元の場合，六つの振動モードが存在する．

　TO：横波光学分枝（transverse optical branch）2 個
　LO：縦波光学分枝（longitudinal optical branch）1 個
　TA：横波音響分枝（transverse acoustical branch）2 個
　LA：縦波音響分枝（longitudinal acoustical branch）1 個

3.3 格子振動の量子化

1.1節で述べたように，波と考えられていた光（電磁波）は，エネルギー $\hbar\omega$ を持ったエネルギーの固まり，つまり，粒子であることがわかった。また，波であった光が粒子ならば，粒子と思われていた電子も波である，とド・ブロイは考え実験により証明された。このように，波である光は量子化された粒子として，光子（フォトン）と呼ばれたように，格子振動も波であるので，量子化されて粒子性も同時に併せ持っている。この格子振動に伴う粒子のことを**フォノン**と呼ぶ。このフォノンは，以下の節で説明するように，固体の熱的性質である比熱や熱伝導で重要な働きをする。また，電気伝導率や移動度に対して，電子とフォノンが衝突し，電子は散乱されるので大きな影響を与える。また，光吸収や発光現象にも関係する。ここで，角振動数 ω で振動している格子振動のエネルギー，つまり，フォノンのエネルギーは，導出の過程は省略するが

$$\varepsilon = \frac{\hbar\omega}{2} + n\hbar\omega \quad (n = 0, 1, 2, 3, \cdots) \tag{3.36}$$

となる。ただし，n は励起されているフォノンの数である。また，温度 T の熱平衡状態で，エネルギー $\hbar\omega$ を持ったフォノンの数（平均数）$\langle n \rangle$ は

$$\langle n \rangle = \frac{1}{e^{\hbar\omega/k_B T} - 1} \tag{3.37}$$

なるプランク分布に従うことがわかっている。

3.4 固体の比熱

固体の比熱は，どのようなメカニズムで決まるのであろうか。これを説明する理論として，**デューロン・プティの法則**があったが，低温では成り立たないことがわかった。後に，これを解決する**アインシュタインの比熱の式**に発展し

た。しかし，このアインシュタインの理論の値は，実験値よりも小さくなるという問題があった。そこで，**デバイの比熱の式**が提案され，**図3.12**に示すように，比熱の温度依存性の実験値を再現することに成功した。

固体の比熱とは，SI単位系では，1kgの物質を1K上昇させるのに必要なエネルギー〔J/kg K〕のことである。この固体の比熱を決定するものは，格子振動の熱運動と自由電子の熱運動である。自由電子の熱運動が主として比熱を決めるものは，極低温下での金属である。格子振動の熱運動が主として比熱を決めるものは，絶縁体，半導体，常温の金属である。本節では，格子振動による固体の比熱を考えていく。

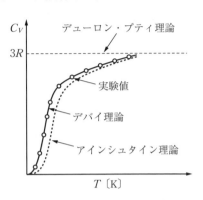

図3.12 固体の比熱の温度依存性

まず初めに，古典論であるデューロン・プティの法則から始め，アインシュタインの理論，そして，デバイの理論について述べていく。

体積Vが一定の場合の比熱（**定積比熱**）C_Vは，内部エネルギーをU，絶対温度をTとすると，つぎのように定義されている。

$$C_V \equiv \left(\frac{\partial U}{\partial T}\right)_{V=\text{const.}} \tag{3.38}$$

以後，この定積比熱を求めていく。

3.4.1 デューロン・プティの法則

温度が上昇すると格子振動が激しくなり，この振動のエネルギーは増加する。温度T〔K〕での格子振動のエネルギーの平均値$\langle \varepsilon \rangle$は，古典統計力学のエネルギー等分配の法則を適用でき

$$\langle \varepsilon \rangle = k_B T \tag{3.39}$$

となる。k_B はボルツマン定数（$1.380\,54\times10^{-23}$ J/deg）である。これは，1方向の振動だけを考えた場合であり，ほかの2方向を加えた三次元で考えると

$$\langle\varepsilon\rangle = 3k_B T \tag{3.40}$$

である。原子が N 個から成る結晶の場合

$$U = 3Nk_B T \tag{3.41}$$

アボガドロ数 N_A（$6.022\,14\times10^{23}$）個の原子，つまり1 mol の原子があるとき

$$U = 3N_A k_B T \tag{3.42}$$

となる。比熱の定義式 (3.38) に従って計算すると

$$C_V \equiv \left(\frac{\partial U}{\partial T}\right)_{V=\text{const.}} = 3N_A k_B = 3R = 5.9 \text{ cal/deg mol} \tag{3.43}$$

となる。ただし，R は気体定数である。多くの元素の室温での比熱は，ほぼ $3R$ となる。これをデューロン・プティの法則と呼ぶ。この理論は古典統計力学を用いて計算しており，振動している系のエネルギーは連続的な値である，と考えた場合である。しかし，この法則は低温度では成立しなくなる。なぜなら，低温では量子論的な効果，つまり，格子振動の波を粒子として考える必要があるからである。

3.4.2 アインシュタインの理論

アインシュタインは，格子振動の波を粒子と考え
1. すべての粒子の角周波数は ω_0 で一定
2. 粒子間は相互作用しない

と仮定した。実際は，3.1, 3.2 節で議論したように，それぞれの原子はばねで結ばれているように振動し，互いに影響を与えているが，アインシュタインは当時，独立に振動していると仮定した。

このように仮定すると，角振動数 ω_0，温度 T 〔K〕での粒子の平均エネルギーは，量子論的に考えると

$$\langle \varepsilon \rangle = \frac{\hbar\omega_0}{2} + \frac{\hbar\omega_0}{e^{\hbar\omega_0/k_B T} - 1} \tag{3.44}$$

となる。アボガドロ数 N_A 個の粒子があったとすると，三次元の運動であり，$3\langle\varepsilon\rangle$ とできるので

$$U = 3N_A\left(\frac{\hbar\omega_0}{2} + \frac{\hbar\omega_0}{e^{\hbar\omega_0/k_B T} - 1}\right) \tag{3.45}$$

となる。比熱の定義式（3.38）に従って計算すると結果として

$$C_V \equiv \left(\frac{\partial U}{\partial T}\right)_{V=\text{const.}} = 3R\left(\frac{\hbar\omega_0}{k_B T}\right)^2 \frac{e^{\hbar\omega_0/k_B T}}{(e^{\hbar\omega_0/k_B T} - 1)^2} \tag{3.46}$$

を得る。ここで

$$\Theta_E = \frac{\hbar\omega_0}{k_B} \tag{3.47}$$

と置く。これを**アインシュタイン温度**と呼ぶ。すると比熱は

$$C_V = 3R\left(\frac{\Theta_E}{T}\right)^2 \frac{e^{\Theta_E/T}}{(e^{\Theta_E/T} - 1)^2} \tag{3.48}$$

となる。これを，**アインシュタインの比熱の式**と呼ぶ。高温では，$T \gg \Theta_E$ が成立し

$$C_V = 3R \tag{3.49}$$

となり，デューロン・プティの法則と一致する。また，低温では $T \ll \Theta_E$ が成立し

$$C_V = 3R\left(\frac{\Theta_E}{T}\right)^2 e^{-\Theta_E/T} \tag{3.50}$$

となり，温度が下がると指数関数で 0 に近付き，実験値を定性的に説明することに成功した[7]。しかし，定量的には，実験結果は低温で，$C_V \propto T^3$ と T^3 に比例し，この理論よりもっと緩やかに 0 に近付き，実験値と一致しなかった。この問題を解決したのが，つぎに述べるデバイの理論である。

3.4.3 デバイの理論

デバイは，アインシュタインの理論の改良策として

1. 結晶は等方性連続弾性体である。
2. 結晶中の格子波の数（振動モードの数）は N 個の原子があったとすると，三次元であり3個の自由度を持つので $3N$ に等しい。よって，フォノンの全状態数が $3N$ となる限界の周波数 ω_D（デバイ角振動数）が存在する。

という仮説を立てた。すると，フォノンの状態密度は，導出過程は省略するが

$$g(\varepsilon) = \frac{V\omega^2}{2\pi^2 v_s^3} \tag{3.51}$$

となる。ここで，V は結晶の体積，v_s は結晶中の音速の平均値である。よって，仮定2より，$\omega = 0 \sim \omega_D$ まで ω で積分した値は $3N$ にならなければならないので

$$\int_0^{\omega_D} g(\varepsilon) d\omega = 3N \tag{3.52}$$

これに，式 (3.51) を代入すると

$$\int_0^{\omega_D} \frac{V\omega^2}{2\pi^2 v_s^3} d\omega = \frac{V}{2\pi^2 v_s^3} \int_0^{\omega_D} \omega^2 d\omega = \frac{V}{2\pi^2 v_s^3} \left[\frac{\omega^3}{3}\right]_0^{\omega_D} = \frac{V\omega_D^3}{3 \cdot 2\pi^2 v_s^3} = 3N$$

$$\therefore \frac{V}{2\pi^2 v_s^3} = \frac{9N}{\omega_D^3} \tag{3.53}$$

よって，フォノンの状態密度の式 (3.51) は

$$g(\omega) = \frac{9N}{\omega_D^3} \omega^2 \tag{3.54}$$

となる。ここで，温度 T の熱平衡状態で角振動数 ω を持ったフォノンの平均数は，プランク分布

$$\langle n \rangle = \frac{1}{e^{\hbar\omega/k_B T} - 1} \tag{3.55}$$

に従うので，格子振動による全エネルギーは

$$U = \int_0^{\omega_D} \hbar\omega \langle n \rangle g(\omega) d\omega = \int_0^{\omega_D} \frac{\hbar\omega}{e^{\hbar\omega/k_B T} - 1} \frac{9N}{\omega_D^3} \omega^2 d\omega$$
$$= \frac{9N}{\omega_D^3} \int_0^{\omega_D} \frac{\hbar\omega^3}{e^{\hbar\omega/k_B T} - 1} d\omega \tag{3.56}$$

3.4 固体の比熱

ここで

$$\Theta_D = \frac{\hbar \omega_D}{k_B} \tag{3.57}$$

と置く。これを**デバイ温度**と呼ぶ。またここで, $x = \hbar\omega/k_B T$ とすると

$$U = \frac{9N}{\omega_D^3} \int_0^{\omega_D} \frac{\left(\frac{k_B T}{\hbar} x\right)^3 \hbar}{e^x - 1} d\left(\frac{k_B T}{\hbar} x\right) \tag{3.58}$$

となる。よって, 比熱の定義式 (3.38) に従って計算すると, 次式となる。

$$C_V \equiv \left(\frac{\partial U}{\partial T}\right)_{V=\text{const.}} = 9R\left(\frac{T}{\Theta_D}\right)^3 \int_0^{\Theta_D/T} \frac{x^4 e^x}{(e^x-1)^2} dx \tag{3.59}$$

1) $T \gg \Theta_D$ なる高温のとき, 積分の上限は $\Theta_D/T \ll 1$ と, 非常に小さいので, x の小さいところのみ積分に効いてくる。よって, 被積分関数を, x が小さいとして展開すると, 式 (3.59) は

$$C_V = 9R\left(\frac{T}{\Theta_D}\right)^3 \int_0^{\Theta_D/T} \underbrace{\frac{x^4 e^x}{(e^x-1)^2}}_{\approx \frac{x^4(1+x)}{\left(x+\frac{1}{2}x^2+\cdots\right)^2} \approx x^2} dx = 9R\left(\frac{T}{\Theta_D}\right)^3 \int_0^{\Theta_D/T} x^2 dx$$

$$\therefore C_V = 9R\left(\frac{T}{\Theta_D}\right)^3 \left[\frac{1}{3}x^3\right]_0^{\Theta_D/T} = 9R\left(\frac{T}{\Theta_D}\right)^3 \frac{1}{3}\left(\frac{\Theta_D}{T}\right)^3 = 3R \tag{3.60}$$

となり, デューロン・プティの法則に一致し, この理論の正しさを示している。

2) $T \ll \Theta_D$ なる低温のとき, 積分の上限は $\Theta_D/T \gg 1$ なので, 上限を ∞ と近似すると, 式 (3.59) は

$$C_V = 9R\left(\frac{T}{\Theta_D}\right)^3 \underbrace{\int_0^{\infty} \frac{x^4 e^x}{(e^x-1)^2} dx}_{=\frac{4\pi^4}{15}} = 9R\left(\frac{T}{\Theta_D}\right)^3 \frac{4\pi^4}{15}$$

$$\therefore C_V = \frac{12\pi^4 R}{5}\left(\frac{T}{\Theta_D}\right)^3 = 464.5\left(\frac{T}{\Theta_D}\right)^3 \tag{3.61}$$

となり，低温で格子比熱は T^3 に比例し，実験事実と一致する。この式 (3.61) を，**デバイの T^3 則**と呼ぶ。式 (3.59) の理論曲線と実験値が一致するように $\varTheta_D$ を変化させ，その物質のデバイ温度 $\varTheta_D$ を決める。金属の場合は $\varTheta_D = 100 \sim 500$ K, Si の場合は $\varTheta_D = 640$ K, ダイヤモンドの場合は $\varTheta_D = 2\,230$ K であることがわかっている[8]。

3.5 固体の熱伝導

比熱と同様に，熱伝導に関係する機構は格子振動と自由電子である。金属では自由電子による熱伝導が支配的であり，半導体と絶縁体は格子振動による熱伝導が支配的となる。ここでは，格子振動による熱伝導を考える。

単位時間に単位面積を x 方向に流れる熱量 Q を

$$Q = -\kappa \frac{dT}{dx} \tag{3.62}$$

と表したとき，比例定数 κ を**熱伝導率**と定義されている。単位長さ当りに単位温度の温度差を作ったとき，流れる熱量が熱伝導率である。温度差があると熱量の流れ，つまり，熱伝導が生じることを示している。これは，電位差があると電荷の流れ（電流）が生じるのと同様である。熱伝導率が変わらなければ，温度差が大きいほど流れる熱量が多く，小さいと流れる熱量は少なくなる。つまり，熱伝導率の値によって，熱の伝わり方，熱量の伝わり方が異なる。

ここでは，格子振動による熱伝導を考えているのだから，3.4 節で述べたように，格子振動の波を量子化したフォノンという粒子を考え，このフォノンの流れが，熱量の流れと考える。したがって，**フォノン**（粒子）の流れである熱伝導を，気体分子（粒子）の流れと同様に考えることができる。気体分子運動論により，単位時間に単位面積を x 方向に流れる熱量 Q は[8]

$$Q = -\frac{1}{3} C_V l_p v_p \frac{dT}{dx} \tag{3.63}$$

と導かれている。ただし，C_V：単位体積当りの格子比熱，l_p：フォノンの平均自由行程，v_p：フォノンの速度，である。平均自由行程とは，フォノンが衝突せずに進む距離の平均のことである。よって，式 (3.62) と式 (3.63) の熱量を比較すると熱伝導率が求まり

$$\kappa = \frac{1}{3} C_V l_p v_p \tag{3.64}$$

となる。格子比熱は 3.4 節で求めたように，低温ではデバイの T^3 則が成り立っているので，熱伝導率も温度の上昇とともに T^3 で上昇していく。高温では，格子振動が激しくなる，つまり，フォノンの数が多くなるので，フォノンどうしの衝突，散乱が激しくなり，平均自由行程 l_p が減少する。したがって，温度の上昇とともに熱伝導率 κ は減少する。詳しい計算によると，熱伝導率は $1/T$ で小さくなっていく。固体の熱伝導率の温度依存性を図 3.13 に示す。

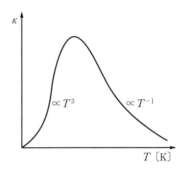

図 3.13 固体の熱伝導率の温度依存性

演習問題

3.1 質量 m [kg] の原子が格子定数 a [m]，ばね定数 k のばねでつながれ，格子振動している一次元の結晶モデルを考える。波数を q とする。
（1） 格子振動の角振動数 ω を表す式を導きなさい。
（2） 波数 $-3\pi/a \leq q \leq 3\pi/a$ の領域の分散曲線を図示しなさい。
（3） 格子振動を考えたとき，第一ブリルアンゾーンのみ考えればよい理由を説明しなさい。

3.2 2種類の原子が交互に並んだ一次元化合物結晶を考える。波数 $-\pi/a \leq q \leq \pi/a$ の領域の分散曲線を図示し，音響分岐，光学分岐とはどのような格子振動か説明しなさい。

4 金属の自由電子論

　固体は抵抗率の値によって，金属，半導体，絶縁体に分けられる。なぜ，金属はよく電流が流れるのであろうか。本章では金属の電気伝導を学ぶ。

　金属に電界を加えると，自由電子は力を受けて移動し，電流が流れる。しかし，移動する際に電子はフォノンや不純物と衝突しながら移動する。この衝突の影響を考慮する過程で，移動のしやすさを表す移動度や散乱時間などの量が導かれる。また，金属は原子中の価電子を放出し自由電子を作り出す。原子は正イオンになっている。正イオンから電子は力を受ける。つまり，電子はポテンシャルエネルギーを持つことになる。イオンは周期的に並んでいるので，このポテンシャルエネルギーも周期的になる。しかし，これを考慮すると難しくなるので，結晶内部では周期性のない一定のポテンシャルエネルギーであるとして考え，表面にポテンシャルエネルギーの壁があるとして考える。つまり，井戸型ポテンシャル中に自由電子が閉じ込められているというモデルで，金属中の自由電子の性質をある程度知ることができる。これにより，フェルミエネルギーやエネルギー状態密度などを計算できる。

エリンコ・フェルミ（イタリア）

4.1 移動度，緩和時間，電流密度

図4.1のように，金属結晶に電界 $\vec{E} = -E_x\vec{i_1}$ を印加したとき，電子が $+x$ 軸方向に運動するモデルを考える。金属中には，多数の電子が存在するので，電子の平均速度を $\langle\vec{v}\rangle = \langle v\rangle\vec{i_1}$ とする。ここで，電界 $\vec{E} = -E_x\vec{i_1}$ を加えたとき，電子の平均速度が dt〔s〕間に $d\langle\vec{v}\rangle = d\langle v\rangle\vec{i_1}$ だけ増加したとする。ニュートンの運動方程式は

$$\vec{F} = m\vec{a} = m\frac{d\langle v\rangle}{dt}\vec{i_1} \tag{4.1}$$

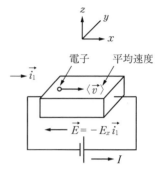

図4.1 電界中の自由電子

である。電子に働くクーロン力は

$$\vec{F} = q\vec{E} = -e\vec{E} = -e(-E_x)\vec{i_1} = eE_x\vec{i_1} \tag{4.2}$$

となる。式 (4.2) を式 (4.1) に代入すると

$$\vec{F} = m\frac{d\langle v\rangle}{dt}\vec{i_1} = eE_x\vec{i_1} \tag{4.3}$$

よって，加速度 $\vec{a}$ は

$$\vec{a} = \frac{\vec{F}}{m} = \frac{d\langle v\rangle}{dt}\vec{i_1} = \frac{eE_x}{m}\vec{i_1} \tag{4.4}$$

となる。したがって，電界を加えると，電子は加速度 $\vec{a} = (eE_x/m)\vec{i_1}$ となり，速度は増加し続ける。つまり，電流密度は，単位時間に単位面積を通過する総電荷量なので，加速度が $\vec{a}$ ということは，単位時間に $\vec{a}$ ずつ速度は増加していくことになるので，単位時間に単位面積を通過する電子数は増加し続け，最終的に無限大になってしまう。つまり，電界を印加すると電流密度は無限大になる。しかし，実際は，一定の電流が流れ続ける。つまり，電界を印加したときに電子に働く力として，クーロン力だけを考えていては，現実と矛盾することになる。この矛盾を解決する方法として，電子は金属イオンや不純物などと

衝突し散乱されると考える。つまり、クーロン力による加速度 $\vec{a}$ が打ち消され 0 になる、散乱による逆向きの加速度を考えるのである。

図 4.2（a）に示すように、電子がイオンと衝突後、電子の速度は $v=0$ になると仮定する。つまり、例えば、衝突して τ_1 [s] 後の、つぎの衝突直前の速度は $v=v_1$ となり、衝突後再び速度は 0 になる、と仮定する。衝突からつぎの衝突までの時間 $\tau_1, \tau_2, \tau_3, \cdots$ の平均の時間を τ と定義する。この τ を**衝突時間（散乱時間）**と呼ぶ。すると、衝突直前の平均の速度が $\langle v \rangle$ でもあるので、図（b）に示すように衝突直後の平均速度 $\langle v \rangle =0$ から τ [s] 経過すると、$\langle v \rangle = \langle v \rangle$ になると考えることができる。ここで、衝突の直前の平均速度 $\langle v \rangle = \langle v \rangle$ であったものが、衝突により突然 0 になる現象に対し、別の見方をする。つまり、衝突前の速度 $\langle v \rangle = \langle v \rangle$ であったものが、τ [s] かけて散乱により $\langle v \rangle =0$ になる、と考える。すると、この減速の加速度は

$$\vec{a} = \frac{0-\langle v \rangle}{\tau}\vec{i_1} = -\frac{\langle v \rangle}{\tau}\vec{i_1} \tag{4.5}$$

となる。よって、散乱を含めた運動方程式は、式 (4.4) に散乱の項を加え

$$\frac{d\langle v \rangle}{dt}\vec{i_1} = \frac{eE_x}{m}\vec{i_1} - \frac{\langle v \rangle}{\tau}\vec{i_1} = 0 \tag{4.6}$$

となる。電流は無限大にならないので、加速度は 0 とする。よって、衝突の直前の平均の速度は

$$\langle v \rangle \vec{i_1} = \frac{\tau e E_x}{m}\vec{i_1} \tag{4.7}$$

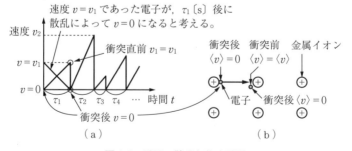

図 4.2　電子の散乱と衝突時間

となる。この速度を**ドリフト速度**と呼ぶ[9]。

図 4.3 のように，電子密度を n とすると，単位時間に体積 $\langle v \rangle S$ 中の全電子数 $\langle v \rangle Sn$ が，断面積 S を通過する。つまり，図の（a）の電子は，単位時間経過すると断面積 S を通過し，図の（b）の位置に移動する。よって，電流密度は

$$\vec{J_c} = \frac{\overbrace{\langle v \rangle \vec{i_1}}^{=\frac{\tau e E_x}{m}\vec{i_1}} S n(-e)}{S} = -ne\frac{\tau e E_x}{m}\vec{i_1} = ne\frac{\tau e}{m}\underbrace{\left(-E_x \vec{i_1}\right)}_{=\vec{E}} = ne\frac{\tau e}{m}\vec{E} \tag{4.8}$$

となる。ここで

$$\frac{\tau e}{m} \equiv \mu \tag{4.9}$$

と定義する。これを**移動度**と呼ぶ。すると，電流密度は

$$\vec{J_c} = ne\mu\vec{E} \tag{4.10}$$

となる。ここで

$$ne\mu \equiv \sigma \tag{4.11}$$

と定義する。これを**導電率**と呼ぶ。したがって，電流密度は

$$\vec{J_c} = \sigma\vec{E} \tag{4.12}$$

と表すことができる。また

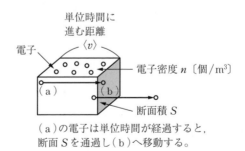

（a）の電子は単位時間が経過すると，断面 S を通過し（b）へ移動する。

図 4.3 単位時間に断面積 S を通過する電荷量

$$\rho \equiv \frac{1}{\sigma} \tag{4.13}$$

と定義する。ρ を**抵抗率**と呼ぶ。

4.2 金属の自由電子モデル

4.2.1 三次元井戸型ポテンシャル中の粒子

2.1.3項で説明したように，典型的な金属は，原子が近付くと孤立原子の状態で存在するよりも，最外殻電子を放出し自由電子を生み出した方がエネルギーは低くなるので，原子どうしに引力が働き凝集し結晶を形成し，多数の自由電子を生成する。自由電子は負電荷を持っているため，電子どうしはクーロン斥力が働き相互作用する。厳密には，この電子間相互作用を考慮して電子の性質を考えなければならないが，非常に複雑になる。この影響を無視したとしても，金属中の電子の基本的な性質をほぼ正しく計算できている。そこで，本節では，電子間相互作用を無視して考える。また，結晶になると原子は正イオンになり，図4.4のように周期的に並んでいる。つまり，電子には正イオンによるクーロン力が働き，その結果，ポテンシャルエネルギーを持つことになる。しかし，この周期的なポテンシャルエネルギーを考慮すると計算が複雑になるので，この節では考慮しない。結晶内部と空間の境界である表面では，正イオンによる電子のポテンシャルエネルギーは非常に高い。結晶内部の電子のエネルギーはそれよりも小さいので，容易に表面を飛び出すことはできない。そこで，図4.5のように結晶中の自由電子は有限井戸型ポテンシャル中に閉じ

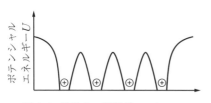

図4.4 結晶中の周期ポテンシャル

図4.5 自由電子モデル

4.2 金属の自由電子モデル

込められていると単純化して考える。これを**ゾンマーフェルトのモデル**という。

図 4.5 のポテンシャルエネルギー $U=0$ の領域の有限井戸型ポテンシャル中の電子が従うシュレーディンガー方程式は

$$-\frac{\hbar^2}{2m}\left(\frac{d^2}{dx^2}+\frac{d^2}{dy^2}+\frac{d^2}{dz^2}\right)\varphi(x,y,z)=\varepsilon\varphi(x,y,z) \qquad (4.14)$$

となる。この式は，1.5 節の「有限井戸型ポテンシャル中の粒子」で考えた一次元のモデルを三次元に拡張した式である。この場合は，変数分離の手続きによりエネルギー固有値を計算することができる。つまり，波動関数 $\varphi(x,y,z)$ は，x だけの関数，y だけの関数，z だけの関数の積で表すことができると仮定して解く方法である。つまり

$$\varphi(x,y,z)=X(x)Y(y)Z(z) \qquad (4.15)$$

として計算すると

$$-\frac{\hbar^2}{2m}\left(\frac{d^2}{dx^2}+\frac{d^2}{dy^2}+\frac{d^2}{dz^2}\right)X(x)Y(y)Z(z)=\varepsilon X(x)Y(y)Z(z)$$

$$-\frac{\hbar^2}{2m}\left(\frac{d^2X(x)}{dx^2}Y(y)Z(z)+\frac{d^2Y(y)}{dy^2}X(x)Z(z)+\frac{d^2Z(z)}{dz^2}X(x)Y(y)\right)$$

$$=\varepsilon X(x)Y(y)Z(z)$$

となり，両辺を $X(x)Y(y)Z(z)$ で割ると

$$-\frac{\hbar^2}{2m}\left[\frac{\dfrac{d^2X(x)}{dx^2}}{X(x)}+\frac{\dfrac{d^2Y(y)}{dy^2}}{Y(y)}+\frac{\dfrac{d^2Z(z)}{dz^2}}{Z(z)}\right]=\varepsilon \qquad (4.16)$$

となる。左辺の各項は，それぞれ x だけの関数，y だけの関数，z だけの関数であり，互いに独立している。それらを足し合わせたものは，エネルギー固有値 ε に等しい（つねに一定の ε になる）ということは，各項が一定値である必要がある。そこで，この値を x, y, z 成分それぞれに対して，$\varepsilon_x, \varepsilon_y, \varepsilon_z$ と置くと

$$\frac{-\dfrac{\hbar^2}{2m}\dfrac{d^2X(x)}{dx^2}}{X(x)}=\varepsilon_x \qquad (4.17\,\mathrm{a})$$

$$-\frac{\frac{\hbar^2}{2m}\frac{d^2Y(y)}{dy^2}}{Y(y)} = \varepsilon_y \tag{4.17 b}$$

$$-\frac{\frac{\hbar^2}{2m}\frac{d^2Z(z)}{dz^2}}{Z(z)} = \varepsilon_z \tag{4.17 c}$$

となる。すると，$\varepsilon_x + \varepsilon_y + \varepsilon_z = \varepsilon$ となる。それぞれの微分方程式を変形すると

$$-\frac{\hbar^2}{2m}\frac{d^2X(x)}{dx^2} = \varepsilon_x X(x)$$

$$-\frac{\hbar^2}{2m}\frac{d^2Y(y)}{dy^2} = \varepsilon_y Y(y)$$

$$-\frac{\hbar^2}{2m}\frac{d^2Z(z)}{dz^2} = \varepsilon_z Z(z)$$

となり，1.4，1.5節の方程式と同じなので，同様に解いて一般解を求めると

$$X(x) = Ae^{+i\sqrt{\frac{2m\varepsilon_x}{\hbar^2}}x} + Be^{-i\sqrt{\frac{2m\varepsilon_x}{\hbar^2}}x} \tag{4.18 a}$$

$$Y(y) = Ce^{+i\sqrt{\frac{2m\varepsilon_y}{\hbar^2}}y} + De^{-i\sqrt{\frac{2m\varepsilon_y}{\hbar^2}}y} \tag{4.18 b}$$

$$Z(z) = Ee^{+i\sqrt{\frac{2m\varepsilon_z}{\hbar^2}}z} + Fe^{-i\sqrt{\frac{2m\varepsilon_z}{\hbar^2}}z} \tag{4.18 c}$$

となる。ここで

$$k_x = \sqrt{\frac{2m\varepsilon_x}{\hbar^2}}, \quad k_y = \sqrt{\frac{2m\varepsilon_y}{\hbar^2}}, \quad k_z = \sqrt{\frac{2m\varepsilon_z}{\hbar^2}} \tag{4.18 d}$$

とする。ここで，**図 4.6**（a）のようにイオンが一次元で鎖状に無限に並んだ系を考える。この無限長の場合の計算の仕方として，**周期的境界条件**を使う方法がある。ここでは図 4.6（b）のように，N個の原子があるものとし，最初の原子と最後の原子をつないだループ状の一次元鎖を考え，端と端をつないだ所では，波動関数の値と傾きは同じになるという境界条件を付ける。つまり，ボーアの原子模型と同様に考える方法である。しかし，この鎖につながれたイオンによる周期的ポテンシャルエネルギーを考えると，複雑になるので，さらに，単純化した**図 4.7**（a）の箱型モデルで考える。つまり，三次元の井戸の

中（箱の中）のポテンシャルエネルギーを $U=0$ と一定とし，x 方向の境界条件として，S 面を伸ばして，裏側の S' 面と結合させた図4.7（b）のドーナツを考え，境界で波動関数の値と傾きは等しいという境界条件を付ける。y, z 方向に対しても同様にして，境界条件を立てると

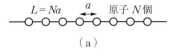

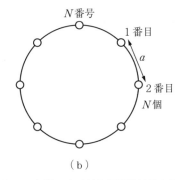

$$\varphi(0, y, z) = \varphi(l, y, z) \quad (4.19\,\text{a})$$
$$\varphi(x, 0, z) = \varphi(x, l, z) \quad (4.19\,\text{b})$$
$$\varphi(x, y, 0) = \varphi(x, y, l) \quad (4.19\,\text{c})$$

図 4.6 無限一次元鎖と周期的境界条件

となる。これを用いてシュレーディンガー方程式を満足する波動関数とエネルギー固有値を求めると，1章と同様に計算できる。ただし，このモデルにおいて，例えば，x 軸の正方向に進む波（進行波）があったとすると，ポテンシャルの変化はないので，反射されることはない。つまり，x 軸の負の方向に反射してくる進行波は存在しない。よって，式 (4.18) は

$$X(x) = Ae^{i\sqrt{\frac{2m\varepsilon_x}{\hbar^2}} \cdot x} = Ae^{ik_x x}$$

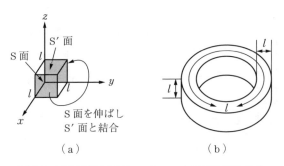

図 4.7 三次元井戸型ポテンシャルと周期的境界条件

$$Y(y) = Ce^{i\sqrt{\frac{2m\varepsilon_y}{\hbar^2}} \cdot x} = Ce^{ik_y y}$$

$$Z(z) = Ee^{i\sqrt{\frac{2m\varepsilon_z}{\hbar^2}} \cdot x} = Ee^{ik_z z}$$

よって，式 (4.15) より

$$\varphi(x, y, z) = X(x)Y(y)Z(z) = \underbrace{ABC}_{\text{規格化により} \frac{1}{\sqrt{l^3}}} e^{i(k_x x + k_y y + k_z z)}$$

したがって

$$\varphi(x, y, z) = \frac{1}{\sqrt{l^3}} e^{i(k_x x + k_y y + k_z z)} \tag{4.20}$$

$$\varepsilon = \varepsilon_x + \varepsilon_y + \varepsilon_z = \frac{\hbar^2}{2m}\left(k_x^2 + k_y^2 + k_z^2\right) \tag{4.21}$$

となる。ただし，可能な波数は

$$k_x = \frac{2\pi}{l} n_x, \quad k_y = \frac{2\pi}{l} n_y, \quad k_z = \frac{2\pi}{l} n_z \, (n_x, n_y, n_z = 0, \pm 1, \pm 2, \cdots) \tag{4.22}$$

となる（5.3節式 (5.28) 参照）。ここで，$n_x = +1$ のときは，$+x$ 方向に進む進行波を表し，$n_x = -1$ のときは，$-x$ 方向に進む進行波を意味する。これは，式 (1.27) から理解できる。

4.2.2　フェルミ球とフェルミエネルギー

式 (4.22) で示された，波数空間での許される状態を黒丸で示したものを図 4.8 に示す。エネルギー固有値は式 (4.21) なので変形すると

$$k_x^2 + k_y^2 + k_z^2 = \left(\sqrt{\frac{2m\varepsilon}{\hbar^2}}\right)^2 = r^2 \tag{4.23}$$

となる。

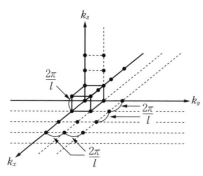

図 4.8　波数空間中の許される状態

この式は，x, y, z 軸を波数 k_x, k_y, k_z

4.2 金属の自由電子モデル

としたとき,半径 $r=\sqrt{2m\varepsilon/\hbar^2}$ の球を表す関数であり,原点から等距離の状態の電子のエネルギーは等しいことを表している。また,**図 4.9** に示すように,(k_x, k_y, k_z) の各点(状態)に半径 a の小球を置き(ただし,$a<(1/2)(2\pi/l)$),一つの小球を一つの許された状態とみなす。すると,1辺 $2\pi/l$ の立方体の中に半径 a の小球は立方体の角の部分に小球の $1/8$ 個が含まれ,8個の角があるので,$(1/8)×8=1$ 個,つまり,「波数空間において1辺の長さ $2\pi/l$ の立方体の体積は一つの状態」と考えることができる。つまり,「体積 $(2\pi/l)^3 = 8\pi^3/V$ の中に,一つの状態がある」と考えることができる。ただし,$V=l^3$ であり,結晶の体積を表す。ここで,体積 V の結晶中に N 個の自由に動ける伝導電子があったとすると,パウリの排他律(一つのエネルギー状態には,スピン↑と↓の2個の電子しか入れない)から,$N/2$ 個の電子状態が必要となる。式 (4.22) からわかるように,k_x, k_y, k_z が小さいほどエネルギーは低いので,k_x, k_y, k_z の小さい方から電子は入っていく。つまり,半径 r の球の中心が最もエネルギーが小さいので,球の中心から電子は満たされていく。ここで,**図 4.10** のように N 個の電子が詰まったときの波数(半径)を $k_f = \sqrt{k_x^2 + k_y^2 + k_z^2}$ とする。すると,この球内の電子状態の数は

(半径 k_f の球の体積) ÷ (状態1個当りの体積)

= 半径 k_f の球の中に含まれる状態数

なので

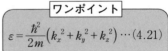

$$\varepsilon = \frac{\hbar^2}{2m}\left(k_x^2 + k_y^2 + k_z^2\right) \cdots (4.21)$$

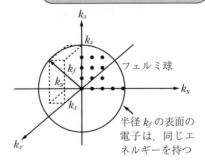

図 4.9 立方体の状態数　　図 4.10 フェルミ球

$$\frac{\frac{4}{3}\pi k_f^3}{\frac{8^2\pi^3}{V}} = \frac{V k_f^3}{6\pi^2} \tag{4.24}$$

となり，この値が$N/2$個に等しい必要があるから

$$\frac{V k_f^3}{6\pi^2} = \frac{N}{2} \rightarrow k_f^3 = 3\pi^2 \frac{N}{V} \rightarrow \therefore k_f = \left(3\pi^2 \frac{N}{V}\right)^{\frac{1}{3}} \tag{4.25}$$

となる。よって，図4.10に示すような半径k_fの球（**フェルミ球**）の最表面の最も高いエネルギーは，式(4.21)より

$$\varepsilon_f = \frac{\hbar^2}{2m}\left(\sqrt{k_x^2 + k_y^2 + k_z^2}\right)^2 = \frac{\hbar^2 k_f^2}{2m} = \frac{\hbar^2}{2m}\left(3\pi^2 \frac{N}{V}\right)^{\frac{2}{3}} = \frac{\hbar^2}{2m}(3\pi^2)^{\frac{2}{3}}\left(\frac{N}{V}\right)^{\frac{2}{3}} \tag{4.26}$$

となる。これを**フェルミエネルギー**と呼び，k_fを**フェルミ波数**と呼ぶ。ここで，金（Au）結晶のように，1個の原子から1個の伝導電子を放出する場合を考えると，伝導電子数は原子数と等しくなるので，式(4.26)のN/Vは単位体積中の原子数，つまり，結晶の密度に等しいので，実際の金属の密度を代入するとフェルミエネルギーを計算できる。

フェルミエネルギーを熱エネルギーに換算すると，式(4.27)となる。

$$\varepsilon_f = k_B T_f \rightarrow \therefore T_f = \frac{\varepsilon_f}{k_B} \tag{4.27}$$

ここで，T_fを**フェルミ温度**と呼ぶ。

フェルミエネルギーを伝導電子の速度に換算すると，式(4.28)となる。

$$\varepsilon_f = \frac{1}{2}m v_f^2 \rightarrow \therefore v_f = \sqrt{\frac{2\varepsilon_f}{m}} \tag{4.28}$$

ここで，v_fを**フェルミ速度**という。

例としてAuのフェルミエネルギー，フェルミ温度，フェルミ速度を計算する。Auは**図4.11**のように，面心立方構造を持ち，辺の長さ（格子定数）はa

=4.078 5Åであり，固体になると+1価の陽イオンになるので，1個のAu原子から1個の伝導電子を生成する．面心立方構造の場合，面の中心の原子は，立方体の中に原子1個の1/2個を含み，6面あるので1/2×6=3個の原子が含まれている．また，8個の角には原子1個の1/8個が含まれているので1/8×8=1個の原子があり，合計4個の原子が

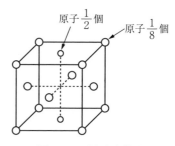

図4.11 面心立方構造

面心立方格子の中にあるので，伝導電子も4個となる．よって，伝導電子密度は

$$\frac{N}{V} = \frac{4}{(4.078\ 5\times 10^{-10})^3} = 5.9\times 10^{28} \text{ 個/m}^3$$

となる．したがって，フェルミエネルギー，フェルミ温度，フェルミ速度は

$$\varepsilon_f = \frac{\hbar^2}{2m}(3\pi^2)^{\frac{2}{3}}\left(\frac{N}{V}\right)^{\frac{2}{3}}$$

$$= \frac{(1.054\ 5\times 10^{-34})^2}{2\times 9.109\times 10^{-31}}(3\pi^2)^{\frac{2}{3}}(5.9\times 10^{28})^{\frac{2}{3}} \text{ J}$$

$$= 5.51 \text{ eV}$$

$$T_f = 64\ 000 \text{ K}$$

$$v_i = 1.4\times 10^6 \text{ m/s}$$

となる．つまり，Au結晶の中の最も高いエネルギーを持った電子のエネルギー（フェルミエネルギー）は5.51 eVであり，温度に換算すると64 000 Kに相当するエネルギーを持っている．つまり，固体材料は非常に高いエネルギー状態を維持していることがわかる．

4.2.3 状態密度

結晶中の電子の**状態密度**を計算する．<u>状態密度とは電子が存在できる単位エネルギー当りの状態の数</u>である．任意の波数kの球内で許される状態数は，

式 (4.24) より

$$\frac{\frac{4}{3}\pi k^3}{\frac{8\pi^3}{V}} = \frac{Vk^3}{6\pi^2}$$

(4.29)

> **ワンポイント**
>
> $$\frac{\frac{4}{3}\pi k_f^3}{\frac{8\pi^3}{V}} = \frac{Vk_f^3}{6\pi^2} \quad \cdots(4.24)$$
>
> $$k_x = \sqrt{\frac{2m\varepsilon_x}{\hbar^2}}, \quad k_y = \sqrt{\frac{2m\varepsilon_y}{\hbar^2}}, \quad k_z = \sqrt{\frac{2m\varepsilon_z}{\hbar^2}}$$
> $$\cdots(4.18\,d)$$
> $$\varepsilon_x + \varepsilon_y + \varepsilon_z = \varepsilon \quad \cdots(4.21)$$

となる。ここで, 式 (4.18 d), (4.21) より波数 k は, $k = \sqrt{k_x^2 + k_y^2 + k_z^2} = \sqrt{(2m/\hbar^2)(\varepsilon_x + \varepsilon_y + \varepsilon_z)} = \sqrt{2m\varepsilon/\hbar^2}$ であるので上式に代入すると, あるエネルギー ε までの状態数は

$$\frac{V}{6\pi^2}\frac{(2m\varepsilon)^{\frac{3}{2}}}{\hbar^3}$$

(4.30)

となる。一つの状態に↑スピンの電子1個と↓スピンの電子1個, 合計2個存在できるので, 上式を2倍したものがスピンを考慮した状態数となり

$$G(\varepsilon) = \frac{V}{3\pi^2}\frac{(2m\varepsilon)^{\frac{3}{2}}}{\hbar^3}$$

(4.31)

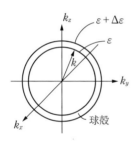

図 4.12 $\varepsilon \sim \varepsilon + \Delta\varepsilon$ のエネルギー範囲

と表される。これは<u>最低エネルギー状態から任意のエネルギー ε までの状態数</u>(電子が存在できる座席の数)を表す。$\varepsilon \sim \varepsilon + \Delta\varepsilon$ のエネルギー範囲(**図 4.12** 参照)にある状態数 $\Delta G(\varepsilon)$ は

$$\Delta G(\varepsilon) = G(\varepsilon + \Delta\varepsilon) - G(\varepsilon)$$

(4.32)

であるから, $\Delta\varepsilon$ で割り, 単位エネルギー当りの状態数を求めると

$$\frac{\Delta G(\varepsilon)}{\Delta\varepsilon} = \frac{G(\varepsilon + \Delta\varepsilon) - G(\varepsilon)}{\Delta\varepsilon}$$

(4.33)

となる。ここで, $\Delta\varepsilon \to 0$ の極限を取り, <u>エネルギー ε 付近の単位エネルギー当りの状態数</u>を求めると

4.2 金属の自由電子モデル

$$\lim_{\Delta\varepsilon \to 0}\frac{\Delta G(\varepsilon)}{\Delta\varepsilon} = \lim_{\Delta\varepsilon \to 0}\frac{G(\varepsilon+\Delta\varepsilon)-G(\varepsilon)}{\Delta\varepsilon} = \frac{dG(\varepsilon)}{d\varepsilon} = \frac{d}{d\varepsilon}\left(\frac{V}{3\pi^2}\frac{(2m\varepsilon)^{\frac{3}{2}}}{\hbar^3}\right)$$

$$= \frac{V}{3\pi^2\hbar^3}\frac{3}{2}(2m)^{\frac{3}{2}}\varepsilon^{\frac{1}{2}} = \frac{V}{\pi^2\hbar^3}\sqrt{2}\,m^{\frac{3}{2}}\varepsilon^{\frac{1}{2}} \tag{4.34}$$

となる。これを体積 V で割り，単位体積当りに変換すると

$$g(\varepsilon) \equiv \frac{\frac{dG(\varepsilon)}{d\varepsilon}}{V} = \frac{\sqrt{2}}{\pi^2\hbar^3}m^{\frac{3}{2}}\varepsilon^{\frac{1}{2}} \tag{4.35}$$

となる。これは，<u>エネルギー ε 付近の単位体積かつ単位エネルギー当りの状態数</u>を表している。したがって，エネルギー幅 $d\varepsilon$ の中に含まれる状態数は

$$g(\varepsilon)d\varepsilon = \frac{\sqrt{2}}{\pi^2\hbar^3}m^{\frac{3}{2}}\varepsilon^{\frac{1}{2}}d\varepsilon \tag{4.36}$$

となる。この $g(\varepsilon)$ のことを**状態密度**（density of states）という。$g(\varepsilon)$ は $\varepsilon^{\frac{1}{2}}$ に比例して増加する。図 **4.13**（a）に $g(\varepsilon)$ のエネルギー依存性を示す。

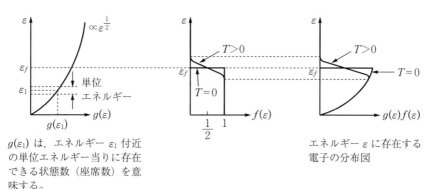

（a）状態密度　（b）フェルミ・ディラック分布関数　（c）電子密度

図 4.13 エネルギー依存性

状態密度 $g(\varepsilon)$ は電子の存在できる座席の数であり，考えている<u>エネルギー ε を中心にした単位エネルギー当りの座席に電子がどの程度の確率で占有（存在）するか</u>は，次節の確率を表すフェルミ・ディラック分布関数によって決まる。

4.2.4 フェルミ・ディラック分布関数と電子分布

電子は**フェルミ粒子**であり，フェルミ粒子がエネルギー ε に存在する確率は**フェルミ・ディラック分布関数**で表される。光子（フォトン）や音子（フォノン）などは，**ボーズ粒子**であり，ボーズ粒子がエネルギー ε に存在する確率は**ボーズ・アインシュタイン分布関数**で表される。

フェルミ・ディラック分布関数は

$$f(\varepsilon) = \frac{1}{e^{(\varepsilon - \varepsilon_f)/k_B T} + 1} \tag{4.37}$$

になると導かれている。つまり，電子がエネルギー ε に存在する確率は $f(\varepsilon)$ と表される。この関数の絶対零度 $T=0$ における値は，考えるエネルギー ε が，$\varepsilon > \varepsilon_f$ か，$\varepsilon < \varepsilon_f$ かで異なってくる。つまり

$$\varepsilon < \varepsilon_f \text{ のとき } f(\varepsilon < \varepsilon_f) = \frac{1}{e^{\overset{<0}{\overbrace{(\varepsilon - \varepsilon_f)}}/k_B \underset{=0}{\widehat{T}}} + 1} = \frac{1}{\underbrace{e^{-\infty}}_{=0} + 1} = 1 \tag{4.38 a}$$

$$\varepsilon > \varepsilon_f \text{ のとき } f(\varepsilon > \varepsilon_f) = \frac{1}{e^{\overset{>0}{\overbrace{(\varepsilon - \varepsilon_f)}}/k_B \underset{=0}{\widehat{T}}} + 1} = \frac{1}{\underbrace{e^{+\infty}}_{=\infty} + 1} = 0 \tag{4.38 b}$$

となる。その様子を図4.13（b）に示す。この図から，絶対零度 $T=0$ の温度では，$\varepsilon < \varepsilon_f$ のエネルギー ε を持つ電子の存在確率は1であり，$\varepsilon > \varepsilon_f$ のエネルギー ε を持つ電子の存在確率は0であることがわかる。$T>0$ の有限温度では，フェルミエネルギー ε_f より若干低いエネルギーにおいて，確率は1より小さくなる。つまり，状態密度 $g(\varepsilon)$ の状態すべてに電子が存在するのではなく，存在しない座席もあることを意味する。また，フェルミエネルギー ε_f より若干高いエネルギーにおいて，確率は0より少し大きくなる。つまり，状態密度 $g(\varepsilon)$ の状態の一部分に電子が存在していることを表す。

状態密度 $g(\varepsilon)$ はエネルギー ε に存在できる電子の状態数（座席の数），フェルミ・ディラック分布関数 $f(\varepsilon)$ は，そのエネルギー ε に存在できる電子の確率なので，絶対温度 $T=T$ における<u>エネルギー ε 付近の単位エネルギー当りに存在する電子数は $f(\varepsilon)g(\varepsilon)$</u> である。例えば，座席が100席（$g(\varepsilon)$）あり，この

席に人が座る確率が $1/4$ $(f(\varepsilon))$ であれば，$100\times(1/4)(g(\varepsilon)f(\varepsilon))=25$ 席に人が座ることが予想される。$g(\varepsilon)f(\varepsilon)$ エネルギーとの関係を図4.13（c）に示す。電子密度（単位体積中の電子数）を n とすると

$$\int_0^\infty f(\varepsilon)g(\varepsilon)d\varepsilon = n \tag{4.39}$$

が成り立つ。絶対零度 $T=0$ では，フェルミエネルギー ε_f より高いエネルギー準位の電子の存在確率は，0なので

$$\int_0^{\varepsilon_f} f(\varepsilon)g(\varepsilon)d\varepsilon = n \tag{4.40}$$

と置ける。したがって，電子密度 n がわかると，その金属のフェルミエネルギー ε_f を計算できる。

演習問題

4.1 銅（Cu）の結晶構造は面心立方構造であり，格子定数は 0.3608 nm である。また，銅は1原子当り1個の伝導電子を出す。抵抗率は 1.54×10^{-8} Ωm である。電子の質量を 9.11×10^{-31} kg とする。以下の問に答えなさい。

（1）単位格子中の原子数を求めなさい。
（2）電子密度〔個/m^3〕を求めなさい。
（3）フェルミエネルギー ε_f〔eV〕を求めなさい。
（4）フェルミ温度 T_f〔K〕およびフェルミ速度 v_f〔m/s〕を求めなさい。
（5）移動度 μ〔m^2/V s〕を求めなさい。
（6）散乱時間 τ〔s〕を求めなさい。
（7）銅線に 1 V/cm の電界を印加したときのドリフト速度〔m/s〕を求めなさい。
（8）フェルミ速度に対するドリフト速度の比はどれくらいになるか求めなさい。

4.2 1原子当り1個の伝導電子を出す金属がある。この金属の原子密度を 2×10^{28} m^{-3} とするとき，自由電子モデルを用いて，フェルミエネルギー ε_f〔J〕，フェルミ温度 T_f〔K〕，フェルミ速度 v_f〔m/s〕を求めなさい。

4.3 金属中の電子を考えるモデルとして自由電子モデルがある。このモデルを用いて，電子の状態密度 $g(\varepsilon)$ が $\varepsilon^{1/2}$ に比例することを導きなさい。

5 エネルギーバンド理論

　固体中の電子の質量（**有効質量**）は，真空中のそれと異なる値を持つ。それはなぜだろうか。また，負の質量を持ったものを**正孔**と呼ぶ。負の質量という概念はどこから生まれてくるのか。5章は，固体の周期ポテンシャル中の電子の性質について学ぶ。

　4章では結晶中の電子の運動を，一定のポテンシャルエネルギーの中を運動するというモデルで考えた。しかし，実際の結晶中では，イオンが周期的に並んでいるので，周期的なポテンシャルエネルギーが存在する。これを考慮してシュレーディンガー方程式を立て計算すると，電子の存在できる**許容帯**と存在できない**禁制帯**という，エネルギーの帯（バンド）が形成されることが導かれる。その結果，電子の質量（有効質量）は，自由電子のそれと異なった値になることが導かれる。また，電子の詰まったバンドの中の電子の抜け穴が正孔であり，正の電荷を持った粒子とみなして考えることができる。

エルヴィン・シュレーディンガー（オーストリア）

5.1 クローニッヒ・ペニーのモデル

結晶中の電子は図1.10に示したように，周期的に並んだ正イオンからのクーロン力を感じながら，この周期的ポテンシャルエネルギーの空間の中で運動している。この電子の運動はこのポテンシャルエネルギーを含めたシュレーディンガー方程式を解くことで求められる。しかし，このポテンシャルエネルギーそのもので計算すると複雑になるので近似して計算することにする。つまり，**図5.1**に示したように矩形型ポテンシャルで近似する。このモデルを**クローニッヒ・ペニーのモデル**（Kronig-Penney model）という。ポテンシャルエネルギーが最も低い $U=0$ の部分が正イオンの存在する領域，ポテンシャルエネルギーが最も高い $U=V_0$ の部分が正イオンと隣の正イオンの中間の領域と考えることができる。クローニッヒ・ペニーのモデルを用いることで，なぜエネルギーバンドという概念が生まれるのか理解できる。

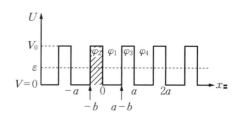

図5.1 クローニッヒ・ペニーのモデル
（図4.4参照）

最初に各領域でのシュレーディンガー方程式を立てると

$$0 < x < a-b \qquad -\frac{\hbar^2}{2m}\frac{d^2}{dx^2}\varphi_1(x) = \varepsilon\varphi_1(x) \qquad (5.1)$$

$$-b < x < 0 \qquad \left(-\frac{\hbar^2}{2m}\frac{d^2}{dx^2} + V_0\right)\varphi_2(x) = \varepsilon\varphi_2(x) \qquad (5.2)$$

となる。エネルギー固有値 ε が（1）$0 < \varepsilon < V_0$ の場合と（2）$\varepsilon > V_0$ の場合，があるが，ここでは（1）の場合を例にして計算する。1章で求めたように，一般解は，ポテンシャルエネルギーが，$U=0$ の領域と，$U=V_0$ の領域において，それぞれ

$$\varphi_1(x) = Ae^{ikx} + Be^{-ikx}, \qquad k = \frac{\sqrt{2m\varepsilon}}{\hbar} \qquad (5.3)$$

$$\varphi_2(x) = Ce^{\beta x} + De^{-\beta x}, \qquad \beta = \frac{\sqrt{2m(V_0-\varepsilon)}}{\hbar} \qquad (5.4)$$

となる。図5.1からわかるように,この周期ポテンシャルの周期は a である。一般に,周期 a のポテンシャルに対する波動関数は

$$\varphi(x+a) = e^{iqa}\varphi(x), \quad q:\text{波数} \qquad (5.5)$$

なる関係を持つ(**ブロッホの定理**)。すると $-b<x<a-b$ の区間の1周期分右側の区間 $a-b<x<2a-b$ の波動関数は

$$a-b<x<a \qquad \varphi_3(x) = e^{iqa}\varphi_2(x-a) = e^{iqa}(Ce^{\beta(x-a)} + De^{-\beta(x-a)}) \qquad (5.6)$$

$$a<x<2a-b \qquad \varphi_4(x) = e^{iqa}\varphi_1(x-a) = e^{iqa}(Ae^{ik(x-a)} + Be^{-ik(x-a)}) \qquad (5.7)$$

となる。ここで $x=0$ と $x=a-b$ における境界条件,つまり境界の両側の波動関数は,値が同じ(連続)で,傾きも同じ(滑らか)でなければならない。つまり,確率の保存則より

$$\left.\begin{array}{l} \varphi_1(0) = \varphi_2(0) \\ \varphi_1'(0) = \varphi_2'(0) \\ \varphi_1(a-b) = \varphi_3(a-b) \\ \varphi_1'(a-b) = \varphi_3'(a-b) \end{array}\right\} \qquad (5.8)$$

なので,波動関数を代入しまとめると

$$\left.\begin{array}{l} A+B-C-D = 0 \\ ikA - ikB - \beta C + \beta D = 0 \\ Ae^{ik(a-b)} + Be^{-ik(a-b)} - e^{iqa}(Ce^{-\beta b} + De^{\beta b}) = 0 \\ ikAe^{ik(a-b)} - ikBe^{-ik(a-b)} - e^{iqa}\beta(Ce^{-\beta b} - De^{\beta b}) = 0 \end{array}\right\} \qquad (5.9)$$

となる。ここで,$A=B=C=D=0$ 以外で,この連立方程式が解を持つ条件は,行列式が0,つまり

$$\begin{vmatrix} 1 & 1 & -1 & -1 \\ ik & -ik & -\beta & \beta \\ e^{ik(a-b)} & e^{-ik(a-b)} & -e^{(iqa-\beta b)} & -e^{(iqa+\beta b)} \\ ike^{ik(a-b)} & -ike^{-ik(a-b)} & -\beta e^{(iqa-\beta b)} & \beta e^{(iqa+\beta b)} \end{vmatrix} = 0 \qquad (5.10)$$

でなければならない。計算の過程は省略するが，これは

$$\cos qa = \frac{1}{2}\frac{\beta^2 - k^2}{k\beta}\sin k(a-b)\sinh \beta b + \cos k(a-b)\cosh \beta b \qquad (5.11)$$

となる。ポテンシャルの形状をデルタ関数化して近似する。つまり，$V_0 b$ を一定にしたまま $b \to 0$，$V_0 \to \infty$ の極限を取ると

$$\cos qa = \frac{G}{2}\frac{\sin ka}{ka} + \cos ka \qquad (5.12)$$

$$G \equiv \frac{2mV_0 ba}{\hbar^2}$$

なる式を満足しなければならない。図 5.2 に横軸を ka，縦軸を式 (5.12) の右辺にしたグラフを示す。横軸は式 (5.3) から $ka = a(\sqrt{2m\varepsilon}/\hbar)$ なので，エネルギー固有値を計算でき

$$\varepsilon = \left(\frac{ka}{a\frac{\sqrt{2m}}{\hbar}}\right)^2 \qquad (5.13)$$

ワンポイント

$$k = \frac{\sqrt{2m\varepsilon}}{\hbar} \cdots (5.3)$$

となる。つまり，エネルギー固有値は，横軸の値 ka を定数 $a\sqrt{2m}/\hbar$ で割り，

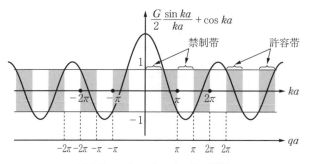

図 5.2　エネルギーバンドの発現

2乗することで求まる。したがって，横軸はエネルギー固有値に相当するとみなせる。ここで，式 (5.12) の左辺は cos なので，$-1 \leqq \cos qa \leqq 1$ の範囲しか許されない。しかし，図 5.2 からわかるとおり，右辺はその範囲を超えた値も取っている。つまり，右辺が $-1 \leqq (G/2)(\sin ka / ka) + \cos ka \leqq 1$ となる領域では式 (5.12) が成立，つまり，式 (5.8) で示した境界条件を満足し，それ以外の領域では式 (5.12) は成立せず，境界条件を満足しないことを意味する。以下で説明するが，境界条件を満足しない領域（帯，バンド）を「禁止されたエネルギーバンド」，つまり，**禁制帯**と呼ぶ。境界条件を満足する $-1 \leqq \cos qa \leqq 1$ の領域のエネルギーバンドは等式が成り立つので，「許されたエネルギーバンド」，つまり**許容帯**と呼ぶ。

以上の計算から，周期的ポテンシャルエネルギーの存在に伴う，電子の波動関数の境界条件を満足するかしないかによって，許容帯と禁制帯が生じていることがわかる。縦軸をエネルギー ε，横軸を q としたエネルギーバンド図を**図 5.3**に示す。式 (5.12) より，並んでいる原子の周期 a，原子と原子の中間の領域のポテンシャルの壁の幅 b，ポテンシャルの高さ V_0，電子の質量 m などによって，許容帯や禁制帯の幅が決

ワンポイント

$$\cos qa = \frac{G}{2}\frac{\sin ka}{ka} + \cos ka$$

$$G \equiv \frac{2mV_0 ba}{\hbar^2} \quad \cdots (5.12)$$

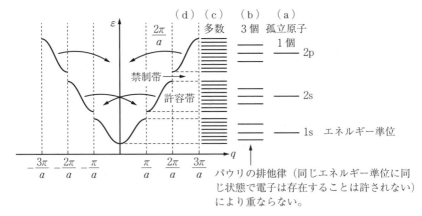

図 5.3　エネルギーバンド図（拡張帯域の方式）

まってくることがわかる。

エネルギーバンド図を別の視点で考えてみる。原子1個の場合のエネルギー準位は図5.3(a)となり，原子が3個近付くと，パウリの排他律よりエネルギー準位を少し変え，1s, 2s, 2p軌道に関する準位が，それぞれ三つ現れる。多数の原子から成る結晶では，図(c)のようにバンドを形成する。このバンドが許容帯である。

図5.3の形のエネルギーバンド図を**拡張帯域の方式**と呼び，図のように$2\pi/a$だけずらした，**図5.4**のエネルギーバンド図を**還元帯域の方式**と呼ぶ。

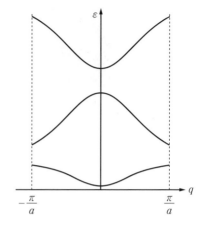

図5.4 エネルギーバンド図（還元帯域の方式）

5.2 結晶内における電子の運動と有効質量

電子は波であるが，その波は**図5.5(a)**のように多数の正弦波が集まった波の群れ（**波束**）として表される。この波束の中の波（位相）の進む速度を**位相速度**と呼ぶ。波束自体の速度を電子の速度と考え，これを**群速度**という。一般に一つの正弦波の周期をT，波長をλ，周波数をf，角振動数をω，波数をkとすると，この正弦波の位相速度vは

$$v = \frac{\lambda}{T} = \lambda f = \frac{2\pi}{\frac{2\pi}{\lambda}} \frac{\omega}{2\pi} = \frac{\omega}{k} \tag{5.14}$$

となる。波束の速度（群速度）v_gは

$$v_g = \frac{d\omega}{dk} \tag{5.15}$$

と表される[9]。電子を波として考えた場合の角振動数は，ド・ブロイの式(1.5)より

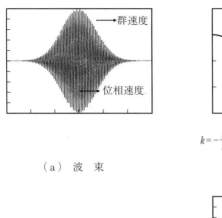
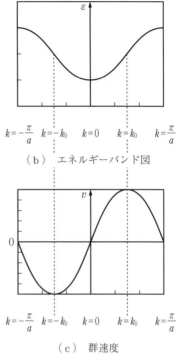

(a) 波束　　　(b) エネルギーバンド図

(c) 群速度

図 5.5　電子の波束，エネルギーバンド図および群速度

$$\omega = \frac{\varepsilon}{\hbar}$$

であるから，式 (5.15) に代入すると

$$v_g = \frac{d\omega}{dk} = \frac{1}{\hbar}\frac{d\varepsilon}{dk} \tag{5.16}$$

となる。つまり，電子の波束の速度は ε-k 曲線の傾きに依存している。図 5.5 (b) にエネルギーバンド図 (ε-k 曲線) を，図 (c) に群速度を示す。ε-k 曲線の変曲点 $k = \pm k_0$ のところで，群速度は最大になり，$k = 0$ と $k = \pm \pi/a$ の所では群速度は 0 になっている。

ここで，電界を印加すると電子の波束は加速される。波束の加速度（群加速度）は式 (5.16) より

$$\frac{dv_g}{dt} = \frac{d}{dt}\frac{1}{\hbar}\frac{d\varepsilon}{dk} = \frac{1}{\hbar}\frac{dk}{dt}\frac{d}{dk}\frac{d\varepsilon}{dk} = \frac{1}{\hbar}\frac{d^2\varepsilon}{dk^2}\frac{dk}{dt} \tag{5.17}$$

である。ここで，右辺の dk/dt を計算する。電界 E が印加されているとすると，$-q$ の電荷を持つ電子には $-qE$ の力が働き加速される。Δt 秒間加速され $v_g\Delta t$ の距離進むとすると，電界が電子にした仕事は力×距離なので $(-qE)v_g\Delta t$ となる[9]。これにより，電子のエネルギーが $\Delta\varepsilon$ だけ増加したとすると

$$\Delta\varepsilon = -qEv_g\Delta t = -qE\frac{1}{\hbar}\frac{d\varepsilon}{dk}\Delta t \tag{5.18}$$

となる。また，$\Delta\varepsilon$ は ε-k 曲線の傾きを使うと

$$\Delta\varepsilon = \frac{d\varepsilon}{dk}\Delta k \tag{5.19}$$

と書けるので，式 (5.18) と式 (5.19) を等しいと置くと

$$\frac{d\varepsilon}{dk}\Delta k = -qE\frac{1}{\hbar}\frac{d\varepsilon}{dk}\Delta t \quad \rightarrow \quad \Delta k = -\frac{1}{\hbar}qE\Delta t \tag{5.20}$$

となる。ここで，$\Delta k/\Delta t$ の極限をとると

$$\lim_{\Delta t \to 0}\frac{\Delta k}{\Delta t} = \frac{dk}{dt} = -\frac{1}{\hbar}qE \quad \rightarrow \quad \therefore\ \hbar\frac{dk}{dt} = -qE \tag{5.21}$$

となる。右辺は力を表しているので，この式は結晶中の電子の波数 k に対する運動方程式といえる。また，ド・ブロイの式 (1.6) である $p=\hbar k$ と式 (5.21) より

$$\frac{dp}{dt} = \frac{d\hbar k}{dt} = \hbar\frac{dk}{dt} = -qE \quad \rightarrow \quad \therefore\ \frac{dp}{dt} = -qE \tag{5.22}$$

となる。ド・ブロイの式の運動量 p は電子を粒子として捉えたときの運動量であり，k は波として捉えたときの波数である。このことを考えると，式 (5.22) の右辺は力を表しているので，電子を粒子として捉えた場合のニュートンの運動方程式といえる。ここで，式 (5.21) を式 (5.17) に代入すると

$$\frac{dv_g}{dt} = \frac{1}{\hbar}\frac{d^2\varepsilon}{dk^2}\overbrace{\frac{dk}{dt}}^{=-\frac{1}{\hbar}qE} = \frac{1}{\hbar}\frac{d^2\varepsilon}{dk^2}\left(-\frac{1}{\hbar}qE\right) \quad \rightarrow \quad \therefore\ \frac{dv_g}{dt} = -\frac{1}{\hbar^2}\frac{d^2\varepsilon}{dk^2}qE \tag{5.23}$$

となる。電子を粒子と捉えた場合，電荷$-q$，質量mの電子の加速度は式(5.22)より

$$\frac{dv}{dt} = -\frac{1}{m}qE \tag{5.24}$$

であるから，波の加速度を表す式(5.23)と粒子の加速度を表す式(5.24)との比較から，$(1/\hbar^2)(d^2\varepsilon/dk^2)$ は質量の逆数の次元を持っていることがわかる。群速度は式(5.16)より ε-k 曲線の傾きから求まり，ε-k 曲線は周期的ポテンシャルの存在から導かれた。つまり，周期ポテンシャル中の電子（波束）はあたかも見掛けの質量

$$m^* = \frac{1}{\frac{1}{\hbar^2}\frac{d^2\varepsilon}{dk^2}} \tag{5.25}$$

を持っているかのように振る舞う。この m^* を**有効質量（バンド質量）**と呼ぶ。式(5.16)と式(5.25)から，波数 k の関数としてのエネルギー ε がわかると，群速度と有効質量を計算できる。

図5.6（a）に $1/m^*$ の波数依存性，図（b）に m^* の波数依存性を示す。このように周期ポテンシャル中の電子は，真空中の電子の質量とは異なる有効質量 m^* の質量を持った電子のように振る舞う。また
$|k|<k_0$ の波数領域のとき，有効質量は正（$m^*>0$）

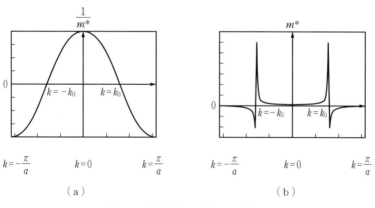

図5.6　有効質量の逆数と有効質量

$|k|>k_0$ の波数領域のとき,有効質量は負 ($m^*<0$) となる。k が 0 の状態から $+k$ 方向に増加していくと,図 5.5(c)のように,次第に群速度は大きくなっていき,このときの有効質量は図 5.6(b)より,ほぼ一定である。さらに k が増加すると ε-k 曲線の変曲点において群速度は最大値を取る。有効質量は正の無限大に発散した後,負に転じているが,$\varepsilon = \hbar^2 k^2 / 2m^*$ の近似が成立する,$k=0$ の底付近と $k = \pm \dfrac{\pi}{a}$ の頂付

表 5.1 金属の有効質量

	m^*/m
Na	1.24
K	1.21
Cu	1.4
Ag	0.7
InSb	0.013

〔注〕m は真空中の電子の質量

近で有効なので,変曲点での議論はしない[11]。さらに k が増加すると,群速度は減少しブリルアンゾーンの端 $k=\pi/a$ で 0 となる。有効質量はほぼ一定の負の値を取ることがわかる。すなわち,エネルギー帯の下端付近の電子は,正のほぼ一定の有効質量と,負の電荷を持つ粒子(普通の電子)として振る舞うのに対し,エネルギー帯上端付近の電子は,負のほぼ一定の有効質量と,負の電荷を持つ粒子として,振る舞うのである。詳細は省略[9]するが,この電子の運動方程式と,正の電荷と正の質量を持つとした粒子の運動方程式は等しくなることから,この粒子を**正孔**と呼ぶ。**表** 5.1 に,実際の金属の有効質量を示す。

5.3 金属,半導体,絶縁体のバンド構造

一般に,抵抗率が $10^{-8} \sim 10^{-3}\,\Omega\,\text{cm}$ の範囲にある物質を金属,$10^{-3} \sim 10^8\,\Omega\,\text{cm}$ の範囲にある物質を半導体,$10^8\,\Omega\,\text{cm}$ 以上の物質を**絶縁体**と呼ぶ。本節では,金属,半導体,絶縁体をエネルギーバンド構造により考える。

結晶を構成する原子から供給された伝導電子は,エネルギーの低い許容帯から順番に埋まっていく。図 5.7(a)のように,あるエネルギーの許容帯までは電子で完全に満たされ,それよ

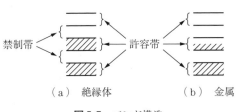

図 5.7 バンド構造

り高い許容帯には電子はまったく存在しないようなバンド構造の結晶に電界を印加しても，電子が移動ができる空のエネルギー準位がないので，動くことができず，電流は流れない。しかし，図5.7（b）のように，許容帯の一部が電子で満たされ，残りが空席になっている許容帯を持つ結晶は，電界を印加すると，その許容帯の電子は，すぐ上の空のエネルギー準位に遷移できるので電流が流れる。許容帯の一部が電子で満たされた伝導に寄与する許容帯を**伝導帯**と呼び，電子で完全に満たされた伝導に寄与しない許容帯を**価電子帯**と呼ぶ。

つぎに，4.2.1項で述べたように，三次元井戸型ポテンシャル中の電子の振舞いを周期的境界条件を用いて考える。本文93ページの図4.6に示すように，N個の原子から成る一次元結晶（図（a）参照）を環状につなぎ（図（b）参照），N番目のつぎの原子が1番目の原子になるようにすると，電子の波動関数は点xと点$x+L$（Lは結晶の長さ）でまったく同じにならなければならない。つまり，この環状鎖を伝わる進行波を

$$\varphi(x) = Ae^{ikx} \tag{5.26}$$

と置けば，$\varphi(x+L) = \varphi(x)$ の関係を満たさなければならない。すなわち

$$\varphi(x) = \varphi(x+L) \to e^{ik\,x} = e^{ik(x+L)} \to e^{ikx} = e^{ikx}e^{ikL} \to e^{ikL} = 1$$
$$\cos kL + i\sin kL = 1$$
$$\therefore \sin kL = 0, \quad \cos kL = 1 \tag{5.27}$$

$\cos kL = -1$ではないので，$kL = \pi, 3\pi, 5\pi, \cdots$は除かれ，$\pi$の偶数倍が残り

$$kL = 0, \pm 2\pi, \pm 4\pi, \cdots = 2\pi n \quad (n = 0, \pm 1, \pm 2, \cdots) \tag{5.28}$$

よって

$$k = \frac{2\pi}{L}n \quad (n = 0, \pm 1, \pm 2, \cdots) \tag{5.29}$$

を得る。ここで，N個の原子から成る一次元結晶の場合，$L = Na$（aは原子間隔）であり，$1/a = N/L$となるので，$-\pi/a \leq k \leq \pi/a$の第一ブリルアンゾーンに含まれている量子数nは

$$-\frac{\pi}{a} \leq k \leq \frac{\pi}{a} \xrightarrow{\frac{1}{a}=\frac{N}{L},\, k=\frac{2\pi}{L}n} -\frac{N\pi}{L} \leq \frac{2\pi}{L}n \leq \frac{N\pi}{L}$$

$$\therefore\ -\frac{N}{2} \leq n \leq \frac{N}{2} \tag{5.30}$$

となる．これは，**図5.8**のようにkの負側に$N/2$個，正側に$N/2$個の状態があり，合計でN個の状態があることを意味している．スピンの向きも考慮すると，一つの状態に↑スピン，↓スピンの電子が入れるので，一つのバンドには$2N$個の電子が存在できる．

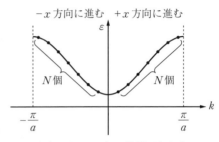

一つのバンドに$2N$個の状態が存在する．

図5.8 バンド中の電子の状態数

$2N$個の状態すべてに電子が存在しているバンド内では，電界を印加して電流を流そうとしても，$k>0$の領域の電子（右に進む電子）数と，$k<0$の領域の電子（左に進む電子）数は同じになり，電流は流れない．つまり，絶縁体になる（図5.8参照）．しかし，最も高い許容帯の半分まで価電子で満たされている場合，**図5.9**のように電界を印加して電流を流そうとすると，そのバンド内の電子に力が加わり，$k>0$（右に進む）および$k<0$（左に進む）の領域の価電子の数は等しくならず，右に進む価電子数と左に進む価電子数に差が生じるため，電流が流れることになる．つまり，金属になる．

また，**図5.10(c)**のように，価電子帯とその上のエネルギー帯が重なっている場合，完全に電子で満たされているはずの許容帯の電子の一部が，その上のバンドに移動する．つまり，価電子帯の途中まで電子で満たされ，その上の伝導帯の途中まで電子が満たされているために

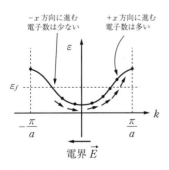

図5.9 バンド中の電子の移動

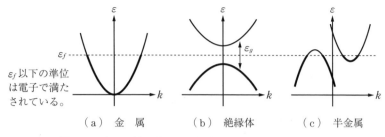

図 5.10 金属, 絶縁体および半金属のエネルギーバンド図

電流が流れる。このような物質は, 金属と半導体の中間の抵抗率を示し, **半金属**と呼ばれている。

演習問題

5.1 なぜ, 許容帯と禁制帯が生じるのか, その理由を説明しなさい。

5.2 なぜ, 結晶中の電子の質量（有効質量）は, 真空の電子の質量と異なるのか説明しなさい。

5.3 周期ポテンシャル場での電子の振舞いは, ε-k 曲線を用いて説明される。これにより, エネルギー帯中の電子の速度と有効質量は, 電子がエネルギー帯中のどこにあるかで劇的に変わることを説明しなさい。

6 半導体

　半導体は金属と絶縁体の中間の電気抵抗を持つ。なぜ，半導体は中間の性質を持つことができるのか。なぜ，不純物を入れると電流が流れるようになるのか。なぜ，温度の変化とともに電気抵抗も変化するのか。6章では，半導体の基本的な性質について学ぶ。

　現在のエレクトロニクス産業の根幹となる材料は半導体である。ベル研究所のショックレーとバーディーン，そして，ブラッテンは真空管増幅器に代わる半導体を用いたトランジスタを開発し，1956年，ノーベル物理学賞を受賞した。その後，ショックレーはベル研究所をやめてショックレー研究所の所長となった。この研究所の研究者が後にインテルを創設した。また，この地はエレクトロニクス産業の中心となりシリコンバレーと呼ばれている。一方，1951年，バーディーンはイリノイ大学の教授になり，超伝導理論の研究を開始しクーパー，シュリファーとともにBCS理論を完成させた。この功績に対して，1972年，2度目のノーベル物理学賞を受賞した。

ウィリアム・ショックレー（アメリカ）

6.1 真性半導体

一般に，半導体は絶縁体であるが，不純物を入れることにより伝導性が現れる。不純物を含まない半導体を**真性半導体**（intrinsic semiconductor）と呼び，不純物を添加（**ドーピング**という）した半導体を**不純物半導体**と呼ぶ。真性半導体は絶対零度では電子が動けず絶縁体であるが，温度が高くなると，その熱エネルギーを受け取り，**図6.1**の図中①のように，共有結合していた電子は結合を離れて自由に動ける自由電子となる。もともと結晶は電気的に中性であるため，電子の抜け孔は正に帯電した孔とみなすことができ，これを**正孔（ホール）**という。よって，真性半導体では自由電子数と正孔数は同じになる。また，図中②のように，共有結合していた電子が正孔のサイトに移動したとすると，正孔がもともとあった電子のサイトに移動したと解釈できる。つまり，正孔という粒子は正の電荷を運ぶ。この電子や正孔のように，電荷を運ぶ粒子のことを**キャリヤ**という。

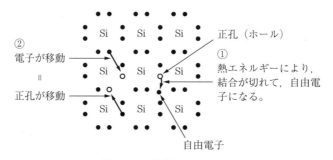

図6.1　Si結晶中のキャリヤ

周期ポテンシャル中の電子のエネルギーの波数依存性 ε-k 曲線は**図6.2**のようになることは，5.1節で学んだ。また，周期ポテンシャルのない自由電子の場合は，エネルギー固有値は4.2節で学んだように

$$\varepsilon = \frac{\hbar^2 k^2}{2m} \tag{6.1}$$

6.1 真性半導体

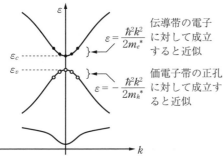

図6.2 周期ポテンシャル中の ε-k 曲線

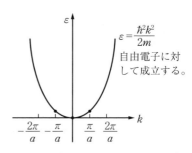

図6.3 自由電子モデルの ε-k 曲線

であった．エネルギー ε と波数 k_x との関係を図6.3に示す．いま，図6.2のように周期ポテンシャル中の伝導帯の電子は，底の部分に多数存在し，この部分ではエネルギー固有値 ε は波数 k_x の2乗に比例すると近似する．つまり式(6.1)で示した自由電子のように

$$\varepsilon = \frac{\hbar^2 k^2}{2m_e^*} \tag{6.2}$$

とできるものとする．m_e^* は伝導帯の電子の有効質量である．一方，価電子帯の正孔は，価電子帯の頂の部分に多数存在し，この部分ではエネルギー固有値 ε は波数 k_x の2乗に比例すると近似する．つまり，式(6.1)で示した式と同様な形

$$\varepsilon = -\frac{\hbar^2 k^2}{2m_h^*} \tag{6.3}$$

とできるものとする．自由電子モデルでは図6.3のように $k_x=0$ のとき，エネルギー固有値は $\varepsilon=0$ であるが，周期ポテンシャル中の電子の場合は，伝導帯の底のエネルギーを ε_c とすると，伝導帯の電子に対しては，$k_x=0$ のとき $\varepsilon = \varepsilon_c$ なので

$$\varepsilon = \varepsilon_c + \frac{\hbar^2 k^2}{2m_e^*} \tag{6.4}$$

とできる．また，価電子帯の頂のエネルギーを ε_v とすると，価電子帯の正孔

に対しては，$k_x = 0$ のとき $\varepsilon = \varepsilon_v$ なので

$$\varepsilon = \varepsilon_v - \frac{\hbar^2 k^2}{2m_h^*} \tag{6.5}$$

とできる。これらの近似式を用いて，伝導帯の電子の状態密度を計算する。式 (6.4) より

$$\varepsilon = \varepsilon_c + \frac{\hbar^2 k^2}{2m_e^*} \rightarrow \varepsilon - \varepsilon_c = \frac{\hbar^2 k^2}{2m_e^*} \rightarrow \therefore k = \sqrt{\frac{2m_e^*(\varepsilon - \varepsilon_c)}{\hbar^2}} \tag{6.6}$$

となる。よって，任意の k までの状態数は，4.2.3項と同様に考えると

$$\frac{\frac{4}{3}\pi k^3}{\left(\frac{2\pi}{l}\right)^3} = \frac{V}{6\pi^2}k^3 = \frac{V}{6\pi^2}\frac{(2m_e^*(\varepsilon - \varepsilon_c))^{\frac{3}{2}}}{\hbar^3} \tag{6.7}$$

となる。ここで，スピンの向きを考えて2倍すると，最低エネルギー状態から波数 k におけるエネルギー ε までの状態数（電子が存在できる座席の数）は

$$G(\varepsilon) = \frac{V}{3\pi^2}\frac{(2m_e^*)^{\frac{3}{2}}(\varepsilon - \varepsilon_c)^{\frac{3}{2}}}{\hbar^3} \tag{6.8}$$

となる。よって，$\varepsilon \sim \varepsilon + \Delta\varepsilon$ のエネルギー範囲にある状態数 $\Delta G(\varepsilon)$ は

$$\Delta G(\varepsilon) = G(\varepsilon + \Delta\varepsilon) - G(\varepsilon) \tag{6.9}$$

であるから，$\Delta\varepsilon$ で割り，単位エネルギー当りの状態数を求めると

$$\frac{\Delta G(\varepsilon)}{\Delta\varepsilon} = \frac{G(\varepsilon + \Delta\varepsilon) - G(\varepsilon)}{\Delta\varepsilon} \tag{6.10}$$

となる。ここで，$\Delta\varepsilon \rightarrow 0$ の極限を取り，エネルギー ε 付近の単位エネルギー当りの状態数を求めると

$$\lim_{\Delta\varepsilon \to 0} \frac{\Delta G(\varepsilon)}{\Delta\varepsilon} = \lim_{\Delta\varepsilon \to 0} \frac{G(\varepsilon+\Delta\varepsilon)-G(\varepsilon)}{\Delta\varepsilon} = \frac{dG(\varepsilon)}{d\varepsilon}$$

$$= \frac{d}{d\varepsilon}\left(\frac{V}{3\pi^2}\frac{(2m_e^*)^{\frac{3}{2}}(\varepsilon-\varepsilon_c)^{\frac{3}{2}}}{\hbar^3}\right) = \frac{V}{3\pi^2\hbar^3}\frac{3}{2}(2m_e^*)^{\frac{3}{2}}(\varepsilon-\varepsilon_c)^{\frac{1}{2}}$$

$$= \frac{V}{\pi^2\hbar^3}\sqrt{2}\ m_e^{*\frac{3}{2}}(\varepsilon-\varepsilon_c)^{\frac{1}{2}} \tag{6.11}$$

となる。これを体積 V で割り，単位体積当りに変換すると

$$g_c(\varepsilon) = \frac{\dfrac{dG(\varepsilon)}{d\varepsilon}}{V} = \frac{1}{\pi^2\hbar^3}\sqrt{2}\ m_e^{*\frac{3}{2}}(\varepsilon-\varepsilon_c)^{\frac{1}{2}} \tag{6.12}$$

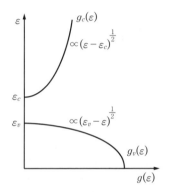

図 6.4 状態密度のエネルギー依存性

となる。これが，伝導帯の**状態密度**である。**図 6.4** に状態密度 $g_c(\varepsilon)$ のエネルギー依存性を示す。同様にして，価電子帯の正孔の状態密度を計算する。エネルギーバンド図である図 6.2 のような ε-k 曲線において，正孔のエネルギー ε の大きさの方向は電子の場合とは逆向き，つまり，縦軸 ε の下方向が正孔においてエネルギーは高い。よって，$\varepsilon \sim \varepsilon + \Delta\varepsilon$ のエネルギー範囲の中の状態数は，$G(\varepsilon) > G(\varepsilon+\Delta\varepsilon)$ であるから

$$G(\varepsilon) - G(\varepsilon+\Delta\varepsilon) \tag{6.13}$$

となり，電子の場合とは逆になることに注意が必要である。つまり，第 1 項のエネルギーは正孔にとって高く，第 2 項は低い。よって，エネルギー ε 付近の単位エネルギー当りの状態数は

$$\lim_{\Delta\varepsilon \to 0} \frac{G(\varepsilon)-G(\varepsilon+\Delta\varepsilon)}{\Delta\varepsilon} = -\lim_{\Delta\varepsilon \to 0}\frac{G(\varepsilon+\Delta\varepsilon)-G(\varepsilon)}{\Delta\varepsilon} = -\frac{dG(\varepsilon)}{d\varepsilon} \tag{6.14}$$

となる。ここで，式 (6.5) を変形すると

$$\varepsilon = \varepsilon_v - \frac{\hbar^2 k_x^2}{2m_h^*} \to \varepsilon_v - \varepsilon = \frac{\hbar^2 k_x^2}{2m_h^*} \to \therefore\ k = \sqrt{\frac{2m_h^*(\varepsilon_v-\varepsilon)}{\hbar^2}} \tag{6.15}$$

となる。よって，任意の k における状態数は伝導帯のときと同様に

$$\frac{\frac{4}{3}\pi k^3}{\left(\frac{2\pi}{l}\right)^3} = \frac{V}{6\pi^2}k^3 = \frac{V}{6\pi^2}\frac{\left(2m_h^*(\varepsilon_v - \varepsilon)\right)^{\frac{3}{2}}}{\hbar^3} \tag{6.16}$$

となる。ここで，スピンの向きを考えて2倍すると，エネルギー ε までの状態数は

$$G(\varepsilon) = \frac{V}{3\pi^2}\frac{\left(2m_h^*\right)^{\frac{3}{2}}\left(\varepsilon_v - \varepsilon\right)^{\frac{3}{2}}}{\hbar^3} \tag{6.17}$$

となる。単位体積，単位エネルギー当りに換算すると，式 (6.14) より

$$g_v(\varepsilon) = \frac{-\frac{dG(\varepsilon)}{d\varepsilon}}{V} = -\frac{\cancel{V}}{3\pi^2}\frac{2\sqrt{2}\,m_h^{*\frac{3}{2}}\frac{\cancel{3}}{\cancel{2}}(-1)(\varepsilon_v - \varepsilon)^{\frac{1}{2}}}{\hbar^3}\Big/\cancel{V}$$

$$\therefore\ g_v(\varepsilon) = \frac{\sqrt{2}}{\pi^2\hbar^3}m_h^{*\frac{3}{2}}(\varepsilon_v - \varepsilon)^{\frac{1}{2}} \tag{6.18}$$

となる。伝導帯の電子の状態密度 $g_c(\varepsilon)$ は式 (6.12) より $(\varepsilon - \varepsilon_c)^{1/2}$ に比例し，価電子帯の正孔の状態密度 $g_v(\varepsilon)$ は，式 (6.18) より $(\varepsilon_v - \varepsilon)^{1/2}$ に比例することがわかる。

エネルギー ε における状態密度 $g(\varepsilon)$ は，単位体積，単位エネルギー当りの状態数，つまり，電子の存在できる座席の数に相当する。その座席に存在できる確率は，エネルギー ε におけるフェルミ・ディラック分布関数 $f(\varepsilon)$ で表される。したがって，**図6.5**のように，エネルギー ε 付近の単位エネルギー当りに存在する電子数は $g(\varepsilon)f(\varepsilon)$ となる。よって，微小エネルギー幅 $d\varepsilon$ に存在する電子数は $g(\varepsilon)f(\varepsilon)d\varepsilon$ となる。ここで，図6.2のように，伝導帯の ε-k 曲線においてエネルギーの底付近では，自由電子モデルの ε-k 曲線が成立すると近似して状態密度を計算した。したがって，電子密度の計算はその近似が許されるエネルギー範囲で積分する必要がある。また，フェルミ・ディラック分布関数の値は，伝導帯の底のわずか上のエネルギー領域では急激に0に近付く。

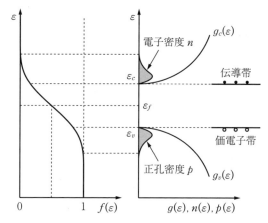

図 6.5 フェルミ・ディラック分布関数 $f(\varepsilon)$，状態密度 $g(\varepsilon)$，キャリヤ密度 n, p のエネルギー依存性

よって，伝導帯の状態密度と電子のフェルミ・ディラック分布関数を $g_c(\varepsilon)$ および $f_c(\varepsilon)$ とすると，$g_c(\varepsilon)f_c(\varepsilon)d\varepsilon$ の積分範囲は，伝導帯の底近傍のみ考えればよい。しかし，ここでは，後述する有効状態密度の計算を簡単にするためにも，積分範囲の上限を ∞ として計算する。すると，伝導帯の電子密度は

$$n = \int_{\varepsilon_c}^{\infty} g_c(\varepsilon)f_c(\varepsilon)d\varepsilon \tag{6.19}$$

である。フェルミ・ディラック分布関数は

$$f_c(\varepsilon) = \frac{1}{1+e^{\{(\varepsilon-\varepsilon_f)/k_BT\}}} \tag{6.20}$$

であった。ここで，一般的な半導体では，伝導帯の電子の有効質量 m_e^* と価電子帯の正孔の有効質量 m_h^* に桁数が異なるほどの大きな違いはないと考えることができ，その場合，式 (6.12)，(6.18) より伝導帯と価電子帯の状態密度に大きな違いはないと考えることができるので，伝導帯底付近の電子のフェルミ・ディラック分布関数の値と，価電子帯頂付近の正孔のフェルミ・ディラック分布関数の値は，近い値にならなければならない。なぜならば，結晶は電気的に中性なので，電子数と正孔数は等しくならなければならず，そのためには，フェルミエネルギー ε_f は，エネルギーギャップ $\varepsilon_c - \varepsilon_v = \varepsilon_g$ の真ん中付近

にならなければならない.また,ここで考えているのは電子密度の計算なので,エネルギー ε は伝導帯中にあるから,$\varepsilon > \varepsilon_f$ の領域である.また,おもな半導体材料である Si と Ge のエネルギーギャップ ε_g は,それぞれ,1.1 eV と 0.67 eV である.フェルミエネルギー ε_f が ε_g のほぼ中央に存在するので,フェルミ・ディラック分布関数内で $\varepsilon - \varepsilon_f = (1/2)\varepsilon_g$ となる.Si と Ge の $(1/2)\varepsilon_g$ は,それぞれ,0.55 eV と 0.335 eV となる.ここで,300 K における熱エネルギーは $k_B T = 0.026$ eV であり,このような $(1/2)\varepsilon_g \gg k_B T$ なる温度 T の領域では

$$\varepsilon - \varepsilon_f = \frac{1}{2}\varepsilon_g \gg k_B T \to \therefore \frac{\varepsilon - \varepsilon_f}{k_B T} \gg 1 \tag{6.21}$$

であるから,フェルミ・ディラック分布関数は

$$f_c(\varepsilon) = \frac{1}{1+\underbrace{e^{\{(\varepsilon-\varepsilon_f)/k_B T\}}}_{\gg 1}} \approx \underbrace{e^{-\frac{\varepsilon-\varepsilon_f}{k_B T}}}_{\text{マクスウェル・ボルツマン分布関数}}$$

$$= e^{-\frac{\varepsilon-\varepsilon_c+\varepsilon_c-\varepsilon_f}{k_B T}}$$

$$= e^{-\frac{\varepsilon-\varepsilon_c}{k_B T}} e^{-\frac{\varepsilon_c-\varepsilon_f}{k_B T}} \tag{6.22}$$

と近似できる.よって,伝導帯の電子密度 n は式 (6.19) より

$$n = \int_{\varepsilon_c}^{\infty} g_c(\varepsilon) e^{-\frac{\varepsilon-\varepsilon_c}{k_B T}} e^{-\frac{\varepsilon_c-\varepsilon_f}{k_B T}} d\varepsilon$$

$$= \int_{\varepsilon_c}^{\infty} \underbrace{g_c(\varepsilon)}_{\text{式 (6.12)}} e^{-\frac{\varepsilon-\varepsilon_c}{k_B T}} d\varepsilon e^{-\frac{\varepsilon_c-\varepsilon_f}{k_B T}}$$

> **ワンポイント**
> $g_c(\varepsilon) = \frac{\sqrt{2}}{\pi^2 \hbar^3} m_e^{*\frac{3}{2}} (\varepsilon - \varepsilon_c)^{\frac{1}{2}} \cdots (6.12)$

$$= \int_{\varepsilon_c}^{\infty} \frac{\sqrt{2}}{\pi^2 \hbar^3} m_e^{*\frac{3}{2}} (\varepsilon-\varepsilon_c)^{\frac{1}{2}} e^{-\frac{\varepsilon-\varepsilon_c}{k_B T}} d\varepsilon e^{-\frac{\varepsilon_c-\varepsilon_f}{k_B T}}$$

$$= \int_{\varepsilon_c}^{\infty} (\varepsilon-\varepsilon_c)^{\frac{1}{2}} e^{-\frac{\varepsilon-\varepsilon_c}{k_B T}} d\varepsilon \frac{\sqrt{2}}{\pi^2 \hbar^3} m_e^{*\frac{3}{2}} e^{-\frac{\varepsilon_c-\varepsilon_f}{k_B T}} \tag{6.23}$$

となる.ここで,変数変換を行い積分を計算する.

$$x = \frac{\varepsilon - \varepsilon_c}{k_B T} \tag{6.24}$$

と置くと

$$\begin{array}{c|c} \varepsilon & \varepsilon_c \to \infty \\ \hline x & 0 \to \infty \end{array}$$

となり，また

$$\frac{dx}{d\varepsilon} = \frac{1}{k_B T} \to \therefore \ d\varepsilon = k_B T dx \tag{6.25}$$

また，式 (6.24) より

$$(\varepsilon - \varepsilon_c)^{\frac{1}{2}} = (k_B T x)^{\frac{1}{2}} \tag{6.26}$$

であるから

$$\int_{\varepsilon_c}^{\infty} (\varepsilon - \varepsilon_c)^{\frac{1}{2}} e^{-\frac{\varepsilon - \varepsilon_c}{k_B T}} d\varepsilon = \int_0^{\infty} (k_B T x)^{\frac{1}{2}} e^{-x} k_B T \, dx$$

$$= (k_B T)^{\frac{3}{2}} \int_0^{\infty} x^{\frac{1}{2}} e^{-x} dx \tag{6.27}$$

ここで，積分公式（ガンマ関数）

$$\int_0^{\infty} x^{\frac{1}{2}} e^{-x} dx = \frac{\sqrt{\pi}}{2} \tag{6.28}$$

より

$$\int_{\varepsilon_c}^{\infty} (\varepsilon - \varepsilon_c)^{\frac{1}{2}} e^{-\frac{\varepsilon - \varepsilon_c}{k_B T}} d\varepsilon = (k_B T)^{\frac{3}{2}} \frac{\sqrt{\pi}}{2} \tag{6.29}$$

となる。よって式 (6.23) より

$$n = \underbrace{\int_{\varepsilon_c}^{\infty} (\varepsilon - \varepsilon_c)^{\frac{1}{2}} e^{-\frac{\varepsilon - \varepsilon_c}{k_B T}} d\varepsilon}_{=(k_B T)^{\frac{3}{2}} \frac{\sqrt{\pi}}{2}} \frac{\sqrt{2}}{\pi^2 \hbar^3} m_e^{*\frac{3}{2}} e^{-\frac{\varepsilon_c - \varepsilon_f}{k_B T}}$$

$$= (k_B T)^{\frac{3}{2}} \frac{\sqrt{\pi}}{2} \frac{\sqrt{2}}{\pi^2 \hbar^3} m_e^{*\frac{3}{2}} e^{-\frac{\varepsilon_c - \varepsilon_f}{k_B T}}$$

$$= \frac{(k_B T m_e^*)^{\frac{3}{2}}}{\pi^{\frac{3}{2}} \hbar^3 2^{\frac{1}{2}}} e^{-\frac{\varepsilon_c - \varepsilon_f}{k_B T}}$$

$$= 2 \frac{(k_B T m_e^*)^{\frac{3}{2}}}{\pi^{\frac{3}{2}} (\hbar^2)^{\frac{3}{2}} 2^{\frac{3}{2}}} e^{-\frac{\varepsilon_c - \varepsilon_f}{k_B T}}$$

$$= 2\left(\frac{k_B T m_e^*}{2\pi \hbar^2}\right)^{\frac{3}{2}} e^{-\frac{\varepsilon_c - \varepsilon_f}{k_B T}} \tag{6.30}$$

$\underbrace{}_{\equiv N_c}$ 伝導帯の有効状態密度

となり，最終的に伝導帯の電子密度 n は

$$\therefore n = N_c e^{-\frac{\varepsilon_c - \varepsilon_f}{k_B T}} \tag{6.31}$$

と表すことができる。ここで，N_c を伝導帯の**有効状態密度**と呼ぶ。

N_c は伝導帯の電子がすべて伝導帯下端 ε_c のエネルギー準位にあると考えた場合の，実効的な状態密度であり，その状態密度に電子が存在する。ボルツマン分布で表された確率を N_c に掛けることにより，伝導帯の電子密度が与えられることをこの式は示している。

つぎに，価電子帯の正孔密度は，$f_c(\varepsilon)$ は電子の占有確率であるから，$1 - f_c(\varepsilon)$ が電子が存在していない確率，つまり，正孔の占有確率となるので

$$p = \int_{-\infty}^{\varepsilon_v} g_v(\varepsilon)\bigl(1 - f_c(\varepsilon)\bigr) d\varepsilon \tag{6.32}$$

となる。ここで考えている ε は価電子帯中なので，$\varepsilon < \varepsilon_f$ の領域である。ここで，正孔の存在確率は

$$1 - f_c(\varepsilon) = 1 - \frac{1}{1 + e^{\frac{\varepsilon - \varepsilon_f}{k_B T}}} = \frac{e^{\frac{\varepsilon - \varepsilon_f}{k_B T}}}{1 + e^{\frac{\varepsilon - \varepsilon_f}{k_B T}}} = \frac{1}{1 + e^{-\frac{\varepsilon - \varepsilon_f}{k_B T}}} \tag{6.33}$$

となる。$(1/2)\varepsilon_g \gg k_B T$ なる温度 T の領域では

$$\varepsilon_f - \varepsilon = (1/2)\varepsilon_g \gg k_B T \rightarrow (\varepsilon_f - \varepsilon)/k_B T \gg 1 \tag{6.34}$$

より

$$1 - f_c(\varepsilon) = \frac{1}{1 + \underbrace{e^{\frac{\varepsilon_f - \varepsilon}{k_B T}}}_{\gg 1}} \approx e^{-\frac{\varepsilon_f - \varepsilon}{k_B T}}$$

$$= e^{-\frac{\varepsilon_f - \varepsilon_v + \varepsilon_v - \varepsilon}{k_B T}} = e^{-\frac{\varepsilon_f - \varepsilon_v}{k_B T}} e^{-\frac{\varepsilon_v - \varepsilon}{k_B T}} \tag{6.35}$$

となる。よって，価電子帯の正孔密度 p は，伝導帯と同様な計算をすると

$$p = \int_{-\infty}^{\varepsilon_v} g_v(\varepsilon) e^{-\frac{\varepsilon_f - \varepsilon_v}{k_B T}} e^{-\frac{\varepsilon_v - \varepsilon}{k_B T}} d\varepsilon$$

$$= \underbrace{\int_{-\infty}^{\varepsilon_v} g_v(\varepsilon) e^{-\frac{\varepsilon_v - \varepsilon}{k_B T}} d\varepsilon}_{\doteq 2\left(\frac{m_h^* k_B T}{2\pi \hbar^2}\right)^{\frac{3}{2}} \equiv N_v \,:\, 価電子帯の有効状態密度} e^{-\frac{\varepsilon_f - \varepsilon_v}{k_B T}} \tag{6.36}$$

となる。したがって，価電子帯の正孔密度 p は

$$\therefore \ p = N_v e^{-\frac{\varepsilon_f - \varepsilon_v}{k_B T}} \tag{6.37}$$

となる。N_v を価電子帯の有効状態密度と呼ぶ。

つぎに，フェルミエネルギーの位置を計算する。真性半導体なので電子密度と正孔密度は等しいので，式 (6.31) = 式 (6.37) より

$$N_c e^{-\frac{\varepsilon_c - \varepsilon_f}{k_B T}} = N_v e^{-\frac{\varepsilon_f - \varepsilon_v}{k_B T}}$$

$$\to \cancel{2} \left(\frac{m_e^* \cancel{k_B T}}{\cancel{2\pi \hbar^2}}\right)^{\frac{3}{2}} e^{-\frac{\varepsilon_c - \varepsilon_f}{k_B T}} = \cancel{2} \left(\frac{m_h^* \cancel{k_B T}}{\cancel{2\pi \hbar^2}}\right)^{\frac{3}{2}} e^{-\frac{\varepsilon_f - \varepsilon_v}{k_B T}}$$

$$\to \left(m_e^*\right)^{\frac{3}{2}} e^{-\frac{\varepsilon_c - \varepsilon_f}{k_B T}} = \left(m_h^*\right)^{\frac{3}{2}} e^{-\frac{\varepsilon_f - \varepsilon_v}{k_B T}}$$

$$\to \ln\left(m_e^*\right)^{\frac{3}{2}} - \frac{\varepsilon_c - \varepsilon_f}{k_B T} = \ln\left(m_h^*\right)^{\frac{3}{2}} - \frac{\varepsilon_f - \varepsilon_v}{k_B T}$$

$$\to \frac{2\varepsilon_f}{k_B T} = \frac{\varepsilon_c + \varepsilon_v}{k_B T} + \ln\left(\frac{m_h^*}{m_e^*}\right)^{\frac{3}{2}} \to 2\varepsilon_f = (\varepsilon_c + \varepsilon_v) + \frac{3}{2} k_B T \ln\left(\frac{m_h^*}{m_e^*}\right)^{\frac{3}{2}} \tag{6.38}$$

となる。よって

$$\varepsilon_f = \frac{1}{2}(\varepsilon_c + \varepsilon_v) + \underbrace{\frac{3}{4} k_B T \ln\left(\frac{m_h^*}{m_e^*}\right)}_{\ll \frac{1}{2}(\varepsilon_c + \varepsilon_v)} \tag{6.39}$$

となる。ここで，$k_B T \ll \varepsilon_g$ の温度領域，または，$m_e^* \fallingdotseq m_h^*$ の場合を考えると

$$\therefore \ \varepsilon_f \approx \frac{1}{2}(\varepsilon_c + \varepsilon_v) \tag{6.40}$$

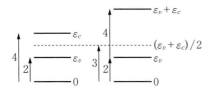

図 6.6 フェルミエネルギーの位置

となる。これは，図 6.6 に示すように，真性半導体ではフェルミエネルギーはエネルギーギャップの真ん中にあることを示している。

ここで，式 (6.39) を式 (6.31) に代入すると

$$n = N_c e^{\left\{-\left(\varepsilon_c - \frac{1}{2}(\varepsilon_c + \varepsilon_v) - \frac{3}{4}k_B T \ln\left(\frac{m_h^*}{m_e^*}\right)\right)k_B T\right\}} = 2\left(\frac{m_e^* k_B T}{2\pi \hbar^2}\right)^{\frac{3}{2}} e^{-\frac{1}{2}\overbrace{\frac{\varepsilon_c - \varepsilon_v}{k_B T}}^{=\varepsilon_g}} \underbrace{e^{\frac{3}{4}\ln\left(\frac{m_h^*}{m_e^*}\right)}}_{e^{\ln x} = x}$$

$$= 2\left(\frac{k_B T}{2\pi \hbar^2}\right)^{\frac{3}{2}} (m_e^*)^{\frac{3}{2}} \left(\frac{m_h^*}{m_e^*}\right)^{\frac{3}{4}} e^{-\frac{\varepsilon_g}{2k_B T}} = 2\left(\frac{k_B T}{2\pi \hbar^2}\right)^{\frac{3}{2}} (m_e^*)^{\frac{3}{2} - \frac{3}{4}} (m_h^*)^{\frac{3}{4}} e^{-\frac{\varepsilon_g}{2k_B T}}$$

$$\therefore n = 2\underbrace{\left(\frac{k_B T}{2\pi \hbar^2}\right)^{\frac{3}{2}}}_{\substack{\propto T^{\frac{3}{2}} \\ \text{温度に対する影響：小}}} (m_e^*)^{\frac{3}{4}} (m_h^*)^{\frac{3}{4}} \underbrace{e^{-\frac{\varepsilon_g}{2k_B T}}}_{\substack{\propto e^{\frac{1}{T}} \\ \text{温度に対する影響：大}}} = \underbrace{\left(2\left(\frac{k_B T m_e^*}{2\pi \hbar^2}\right)^{\frac{3}{2}}\right)^{\frac{1}{2}}}_{=\sqrt{N_c}} \underbrace{\left(2\left(\frac{k_B T m_h^*}{2\pi \hbar^2}\right)^{\frac{3}{2}}\right)^{\frac{1}{2}}}_{=\sqrt{N_v}} e^{-\frac{\varepsilon_g}{2k_B T}}$$

(6.41)

となる。したがって

$$\therefore n = p = n_i = \sqrt{N_c N_v} e^{-\frac{\varepsilon_g}{2k_B T}} \tag{6.42}$$

となる。n_i を **真性キャリヤ密度** と呼ぶ。キャリヤ密度の温度変化は，$\sqrt{N_c N_v}$ による $T^{3/2}$ に比例するものと，エネルギーギャップ（活性化エネルギー）に伴う指数関数 $e^{-1/T}$ で変化する項がある。したがって，温度に対するキャリヤ密度の変化はエネルギーギャップを超えて電子が励起することによる増加の影響がほとんどであり，よって，エネルギーギャップの大きさに依存する。ここで，式 (6.42) の両辺に対し対数を取ると

$$\ln n = \ln \sqrt{N_c N_v} - \frac{\varepsilon_g}{2k_B} \frac{1}{T} \tag{6.43}$$

となるので，縦軸を $\ln n$，横軸を $1/T$ にしてグラフを書くと，傾きは $-\varepsilon_g/2k_B$

で直線となり，傾きからエネルギーギャップを求めることができる．**図 6.7** にキャリヤ密度の温度依存性を示す．

つぎに，電子密度 n と正孔密度 p との積は式 (6.42) より

$$np = n_i^2 = N_c N_v e^{-\varepsilon_g/k_B T} \quad (6.44)$$

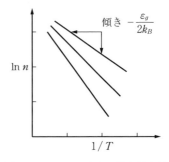

図 6.7 キャリヤ密度の温度依存性

となる．この関係式を**質量作用の法則（pn 積）**と呼ぶ．これは，真性半導体の場合と n 型不純物半導体においては，フェルミエネルギー ε_f と伝導帯の底 ε_c とのエネルギー差 $\varepsilon_c - \varepsilon_f$ が熱エネルギー $k_B T$ より大きい $\varepsilon_c - \varepsilon_f > k_B T$ なる条件を満たす温度，あるいは，フェルミエネルギー ε_f の場合に成立する．つまり，フェルミ・ディラック分布関数ではなくボルツマン分布関数で近似できる条件のときに成立する．また，p 型不純物半導体の場合は，$\varepsilon_f - \varepsilon_v > k_B T$ なる条件を満たす温度あるいはフェルミエネルギー ε_f の場合に成立する．つまり，ドーピング量が多く，フェルミエネルギー ε_f が伝導帯の底 ε_c や価電子帯の頂 ε_v に近いとき，ボルツマン分布関数で近似できず，フェルミ・ディラック分布関数を使用する場合には，質量作用の法則は成立しないことに注意が必要である．

6.2 キャリヤドーピング

電子と正孔の数が同じものを真性半導体と呼んだが，Si などの母結晶に，それとは異なる原子（不純物）をドーピングし

　　　電子の数＞正孔の数，の場合の半導体を **n 型半導体**

　　　電子の数＜正孔の数，の場合の半導体を **p 型半導体**

と呼ぶ．また，数の多いキャリヤを**多数キャリヤ**，少ないキャリヤを**少数キャリヤ**と呼ぶ．n 型半導体では電子の数が多いので，電子が多数キャリヤであり，正孔が少数キャリヤとなる．p 型半導体の場合は，正孔の数が多いので，

正孔が多数キャリヤであり，電子が少数キャリヤとなる。

つぎに，シリコン（Si）を母結晶として n 型半導体を作ることを考える。**図 6.8** のように，Si は 4 個の価電子を持っているので，隣り合うそれぞれの Si 原子の価電子が共有し合って結合（共有結合）している。そこに Si に対して価電子数が 1 個多い，5 価のリン（P）を不純物（電子を生成する不純物を**ドナー不純物**と呼ぶ）としてドーピングすると，図 6.8 に示すように，P 原子は Si 原子の位置と置き換わる。これを**置換**と呼ぶ。すると，P 原子も同様に周りの Si と共有結合し，価電子 4 個が共有される。しかし，残りの 1 個は共有する相手がいないので余った状態になる。その電子は，陽イオン P^+ の正電荷との間に，クーロン引力が働き，電子は陽イオンの周りをボーアの水素原子の電子のように運動する。三次元で表したものを**図 6.9** に示す。

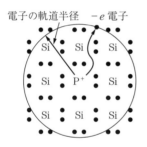
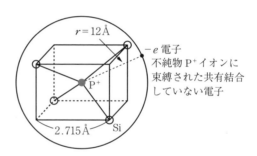

図 6.8 Si 結晶中の P^+ イオンの周りのドナー電子

図 6.9 Si 結晶中の P^+ イオンの周りのドナー電子の三次元図

つぎに，電子の軌道半径を計算する。水素原子のボーア（Bohr）半径，つまり，電子の軌道半径は

$$a_H = \frac{4\pi\varepsilon_0 \hbar^2}{me^2} = 0.529 \text{ Å} \tag{6.45}$$

である。Si 中の P を考えるとき，$\varepsilon_0 \to \varepsilon$（Si の誘電率），$m \to m_e^*$（結晶中の伝導帯の電子の有効質量）として，式（6.45）に代入し，Si 中の P^+ イオンの周りの電子の軌道半径を計算すると

$$a_D = \frac{4\pi\varepsilon\hbar^2}{m_e^* e^2} = \frac{m}{m_e^*}\frac{\varepsilon}{\varepsilon_0}\frac{4\pi\varepsilon_0\hbar^2}{me^2} = \frac{m}{m_e^*}\frac{\varepsilon}{\varepsilon_0}a_H = \frac{m}{m_e^*}\frac{\varepsilon}{\varepsilon_0}\times 0.529\,\text{Å} \quad (6.46)$$

となる。

つぎに，イオン化エネルギーを計算する。水素原子のイオン化エネルギーは

$$\varepsilon_H = \frac{1}{2}\frac{e^2}{4\pi\varepsilon_0 a_H} = 2.178\times 10^{-19}\,\text{J} = 13.6\,\text{eV} \quad (6.47)$$

である。P^+イオンに捉えられた共有結合に寄与しない電子のそれは，同様に置き換えて

$$\varepsilon_H = \frac{1}{2}\frac{e^2}{4\pi\varepsilon a_D} = \frac{1}{2}\frac{e^2}{4\pi\varepsilon\dfrac{m}{m_e^*}\dfrac{\varepsilon}{\varepsilon_0}\dfrac{4\pi\varepsilon_0\hbar^2}{me^2}} = \frac{m_e^*}{m}\frac{\varepsilon_0}{\varepsilon}\frac{1}{2}\frac{e^2}{4\pi\varepsilon a_H}$$

$$= \frac{m_e^*}{m}\frac{\varepsilon_0^2}{\varepsilon^2}\frac{1}{2}\frac{e^2}{4\pi\varepsilon_0 a_H} = \frac{m_e^*}{m}\frac{\varepsilon_0^2}{\varepsilon^2}\varepsilon_H = \frac{m_e^*}{m}\left(\frac{\varepsilon_0}{\varepsilon}\right)^2\times 13.6\,\text{eV} \quad (6.48)$$

と表される。表6.1に示すようなSiの比誘電率と有効質量比を，式(6.46)，(6.48)に代入し，ドナー半径（電子軌道半径）とイオン化エネルギーを求めると

$$a_D = \frac{m}{m_c^*}\frac{\varepsilon}{\varepsilon_0}\times 0.529\,\text{Å} = 2\times 11.7\times 0.529\,\text{Å} \simeq 12\,\text{Å}$$

$$\varepsilon_D = \frac{m_c^*}{m}\left(\frac{\varepsilon_0}{\varepsilon}\right)^2\times 13.6\,\text{eV} = \frac{1}{2}\left(\frac{1}{11.7}\right)^2\times 13.6\,\text{eV} \simeq 0.049\,\text{eV}$$

となる。電子が存在するSi結晶の誘電率の値が大きく，電子の有効質量が小さいため，その軌道半径は大きくなる。そのため，この電子は小さなエネルギーで軌道から離れ自由電子となれる。図6.10に示したように，低温ではド

表6.1 SiとGeの比誘電率と有効質量比

	比誘電率（$\varepsilon/\varepsilon_0$）	有効質量比（m_c^*/m：平均）
Si	11.7	1/2
Ge	15.8	1/5

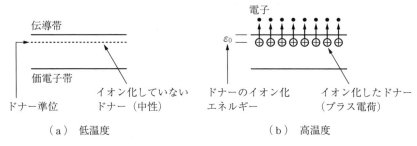

(a) 低温度　　　　　　　　　(b) 高温度

図6.10　ドナー準位と電子

ナー電子は，ドナーイオンに束縛されているから，自由に動けないが，温度が高くなると熱エネルギーを受け取り，電子は伝導帯に励起され伝導電子となる。よって，伝導帯の底からイオン化エネルギーの分だけ低いところにドナー準位 ε_0 が現れる。

つぎに，キャリヤとして正孔を作り出す不純物（**アクセプタ不純物**と呼ぶ）についても，同様に考えてみる。価電子数が3個のホウ素Bを不純物として母結晶Siにドーピングする場合を考える。**図6.11**のように，Siの位置がBで置換されると，Bの3個の価電子は周りの3個のSi原子と共有される。残り

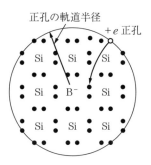

図6.11　Si結晶中のB⁻イオンの周りの正孔

の1個のSiと共有する価電子をBは持っていないため，他の位置で共有結合していた電子がBの位置に移動し，Siと共有結合する電子となる。Bはそのため陰イオンB⁻となる。この陰イオンと電子の抜け孔の正孔との間に，クーロン力が働き，正孔は陰イオンの周りをボーアの水素原子の電子のように運動する。

このイオン化していないアクセプタ不純物（中性）の正孔の軌道半径とイオン化エネルギーは，先ほどのドナー不純物と同様な式で計算することができる。**図6.12**のように，アクセプタ不純物は低温の場合は，イオン化していないアクセプタ（中性）のままで正孔を生成できないが，温度が高くなるとB⁻イオンと正孔の結合が切

6.3 不純物半導体のキャリヤ密度の温度依存性

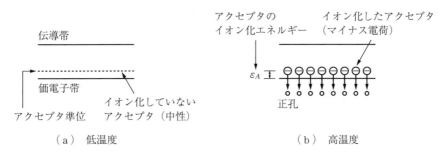

図 6.12 アクセプタ準位と正孔

れてイオン化したアクセプタ（マイナス電荷）となり，正孔を価電子帯に放出し，キャリヤが生成される。よって，価電子帯の頂からイオン化エネルギーの分だけ正孔にとって近いところに，アクセプタ準位 ε_A が現れる。

6.3 不純物半導体のキャリヤ密度の温度依存性

ここでは不純物半導体のキャリヤ密度の温度依存性を考える。**図 6.13** のように，ドナー密度を N_D，アクセプタ密度を N_A とする。いま，n 型半導体（$N_D > N_A$）を考える。ドナー準位の電子の占有確率は

$$f(\varepsilon_D) = \frac{1}{1 + \frac{1}{2} e^{\frac{\varepsilon_D - \varepsilon_f}{k_B T}}} \tag{6.49}$$

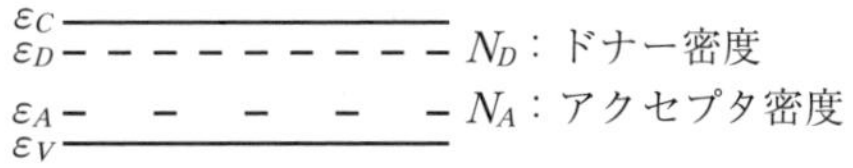

図 6.13 ドナー密度とアクセプタ密度

となり，アクセプタ準位の電子の占有確率は

$$f(\varepsilon_A) = \frac{1}{1 + 2 e^{\frac{\varepsilon_A - \varepsilon_f}{k_B T}}} \tag{6.50}$$

となる[7), 10), 11)]。**図 6.14** に示したように，イオン化していないドナー密度は

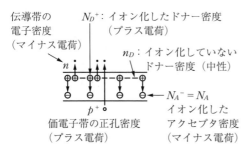

図6.14 マイナス電荷とプラス電荷　　図6.15 電気的中性条件

$$n_D = N_D \frac{1}{1+\frac{1}{2}e^{\frac{\varepsilon_D-\varepsilon_f}{k_B T}}} \tag{6.51}$$

マイナスにイオン化しているアクセプタ密度は

$$N_A^- = N_A \frac{1}{1+2e^{\frac{\varepsilon_A-\varepsilon_f}{k_B T}}} \tag{6.52}$$

である。結晶は電気的に中性であるので(**電気的中性条件**)，図6.15に示したように

$$\therefore n + N_A^- = p + N_D - n_D \tag{6.53}$$

となる。いま，n型半導体を考えているので，$N_D > N_A$ であり，真性半導体となる温度領域(**真性領域**と呼ぶ)以外では $n \gg p$ と考えてよい。したがって，正孔密度 p を無視する。よって

$$n + N_A^- = N_D - n_D \tag{6.54}$$

となる。つぎに，ドナー電子は，電子の存在できる状態のあるエネルギーの低いすべてのアクセプタ準位に緩和(落ち込む)する。したがって，アクセプタ密度 N_A すべてがマイナスにイオン化すると考えられるので，$N_A = N_A^-$ と考えてよい。つまり，式(6.52)の占有確率はほぼ1となる。よって

$$\therefore n + N_A = N_D - n_D \tag{6.55}$$

となる。ここで，ドナーがイオン化する確率 N_D^+/N_D は

6.3 不純物半導体のキャリヤ密度の温度依存性

$$\frac{N_D^+}{N_D} = \frac{N_D - n_D}{N_D} \tag{6.56}$$

となる。ドナーから電子が抜ける確率，つまり，エネルギー ε_D に電子が存在しない確率は

$$1 - f(\varepsilon_D) \tag{6.57}$$

となる。式 (6.56)，(6.57) は等しいので

$$\frac{N_D - n_D}{N_D} = 1 - f(\varepsilon_D) \rightarrow \therefore N_D - n_D = N_D\bigl(1 - f(\varepsilon_D)\bigr) \tag{6.58}$$

が成立する。

よって，式 (6.55) は

$$n + N_A = N_D(1 - f(\varepsilon_D)) \tag{6.59 a}$$

$$N_D - N_A - n = N_D f(\varepsilon_D) \tag{6.59 b}$$

> **ワンポイント**
> $$f(\varepsilon_D) = \frac{1}{1 + \frac{1}{2}e^{\frac{\varepsilon_D - \varepsilon_f}{k_B T}}}$$
> $\cdots(6.49)$

ここで，式 (6.59 a) と式 (6.59 b) の比を取ると

$$\frac{n + N_A}{N_D - N_A - n} = \frac{\cancel{N_D}\bigl(1 - f(\varepsilon_D)\bigr)}{\cancel{N_D}f(\varepsilon_D)} = \bigl(f^{-1}(\varepsilon_D) - 1\bigr) \tag{6.60}$$

となる。ここで，式 (6.49) より

$$\frac{n + N_A}{N_D - N_A - n} = \left(1 + \frac{1}{2}e^{\frac{\varepsilon_D - \varepsilon_f}{k_B T}} - 1\right) = \frac{1}{2}e^{\frac{\varepsilon_D - \varepsilon_f}{k_B T}} \tag{6.61}$$

> **ワンポイント**
> $$n = N_c e^{-\frac{\varepsilon_c - \varepsilon_f}{k_B T}} \cdots(6.31)$$

となる。ここで，式 (6.31) を掛けると

$$\frac{(n + N_A)n}{N_D - N_A - n} = N_C e^{-\frac{\varepsilon_C - \varepsilon_f}{k_B T}} \frac{1}{2} e^{\frac{\varepsilon_D - \varepsilon_f}{k_B T}} = \frac{N_C}{2} e^{\frac{-\varepsilon_C + \varepsilon_f + \varepsilon_D - \varepsilon_f}{k_B T}}$$

$$\therefore \frac{(n + N_A)n}{N_D - N_A - n} = \frac{N_C}{2} e^{-\frac{\varepsilon_C - \varepsilon_D}{k_B T}} \tag{6.62}$$

となる。ここで，簡単のため，アクセプタがないとき（$N_A = 0$）のn型半導体を考えると，上式は

$$\frac{n^2}{N_D - n} = \frac{N_C}{2} e^{-\frac{\varepsilon_C - \varepsilon_D}{k_B T}} \tag{6.63}$$

となる。

つぎに，式 (6.63) を三つの温度領域に分けて考えてみる。

（1） 低温度領域で $(\varepsilon_C - \varepsilon_D) \gg k_B T$ が成り立つ場合，つまり，ドナーはほとんどイオン化しておらず，$N_D \gg n$ が成立するとき

$$\frac{n^2}{N_D - n} \simeq \frac{n^2}{N_D} = \frac{N_C}{2} e^{-\frac{\varepsilon_C - \varepsilon_D}{k_B T}}$$

$$n^2 = \frac{N_D N_C}{2} e^{-\overset{\equiv \Delta \varepsilon_D}{\overline{\frac{\varepsilon_C - \varepsilon_D}{k_B T}}}}$$

$$\therefore n = \sqrt{\frac{N_D N_C}{2}} e^{-\frac{\Delta \varepsilon_D}{2 k_B T}} \tag{6.64}$$

が成り立つ。図 6.16（a）のように，この温度領域を**不純物領域**という。また，両辺の対数を取ると

$$\ln n = \ln \sqrt{\frac{N_D N_C}{2}} - \frac{\Delta \varepsilon_D}{2 k_B T} \tag{6.65}$$

となる。よって，$\ln n - (1/T)$ のグラフの傾き $-\Delta \varepsilon_D / 2 k_B$ から，ドナーのイオン化エネルギー $\Delta \varepsilon_D$ が求まる。

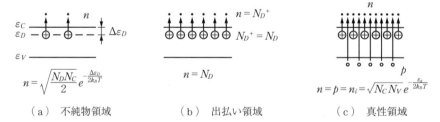

（a） 不純物領域　　　（b） 出払い領域　　　（c） 真性領域

図 6.16　電子密度の温度依存性

（2） 中間温度領域で $\varepsilon_C - \varepsilon_D \ll k_B T$ が成り立つ場合，ドナーはほとんどイオン化してしまい

$$N_D = n \tag{6.66}$$

が成り立つ。N_D 個のドナー電子のほとんどが伝導帯に励起され，伝導帯の電子 n は温度に対して変化しない。この温度領域を**出払い領域**（**飽和領域**）という。

（3）<u>高温度領域</u>になり，価電子帯から伝導帯に電子が直接励起できる温度領域（**真性領域**）では，図 6.16（c）のように $n \gg N_D$ となり，かつ，電子と正孔はともに生成されるので，$n = p$ と近似できるので

$$n = p = n_i = \sqrt{N_C N_V}\, e^{-\frac{\varepsilon_g}{2k_B T}} \tag{6.67}$$

となる。式（6.42）で説明したように，縦軸を $\ln n$，横軸を $1/T$ としてグラフを書くと，傾きは直線となり，傾きからエネルギーギャップを求めることができる。

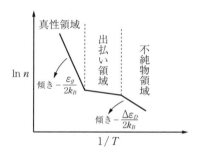

図 6.17　キャリヤ密度の温度依存性

以上のことから，n 型不純物半導体の電子密度 n の温度依存性は**図 6.17** のようになる。

6.4　ホール効果

ホール効果について説明する。これによって，半導体の伝導型とキャリヤ密度を求めることができ，さらに，導電率がわかると移動度を知ることができる。**図 6.18**（a），（b）のように磁界中を電流が流れている。図（a），（b）はそれぞれ，キャリヤが正孔および電子の場合である。磁束密度を $\vec{B} = [0, 0, B_z]$，正孔，電子の電荷を $+q$，$-q$，正孔（電子）の速度を $\vec{v}_{+q} = [v_x, 0, 0]$（$\vec{v}_{-q} = [-v_x, 0, 0]$）とすると，電荷に働くローレンツ力は

　　正孔の場合は

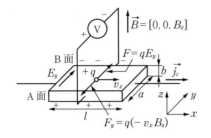 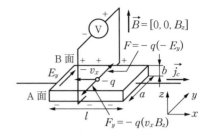

（a）キャリヤが正孔の場合　　　　　（b）キャリヤが電子の場合

図6.18　ホール効果

$$\vec{F} = +q\vec{v}_{+q} \times \vec{B} = +q\begin{vmatrix} \vec{i} & \vec{j} & \vec{k} \\ v_x & 0 & 0 \\ 0 & 0 & B_z \end{vmatrix} = +q[0, -v_x B_z, 0]$$

$$\rightarrow \vec{F} = [F_x, F_y, F_z] = q[0, -v_x B_z, 0] \rightarrow \therefore F_y = -qv_x B_z \quad (6.68\,\text{a})$$

電子の場合は

$$\vec{F} = -q\vec{v}_{-q} \times \vec{B} = -q\begin{vmatrix} \vec{i} & \vec{j} & \vec{k} \\ -v_x & 0 & 0 \\ 0 & 0 & B_z \end{vmatrix} = -q[0, -(-v_x B_z), 0]$$

$$\rightarrow \vec{F} = [F_x, F_y, F_z] = -q[0, v_x B_z, 0] \rightarrow \therefore F_y = -qv_x B_z \quad (6.68\,\text{b})$$

となる。つまり，正孔（電子）に対して$-y$方向（$-y$方向）の力が働き，A面に正電荷（負電荷）がたまり始めるが，その電荷の偏りにより電界が生じる。電界の大きさを E_y とすると

　正孔の場合は

$$\vec{E} = [0, E_y, 0] \quad (6.69\,\text{a})$$

　電子の場合は

$$\vec{E} = [0, -E_y, 0] \quad (6.69\,\text{b})$$

ここで，電界の y 成分 E_y はどの程度まで大きくなるかというと，これにより生じる力

　正孔の場合は

6.4 ホール効果

$$\vec{F} = +q\vec{E} = +q[0, E_y, 0]$$

電子の場合は

$$\vec{F} = -q\vec{E} = -q[0, -E_y, 0]$$

の大きさが，それとは逆向きの磁界によるローレンツ力（式(6.68)）

正孔の場合は

$$\vec{F} = +q[0, -v_x B_z, 0]$$

電子の場合は

$$\vec{F} = -q[0, v_x B_z, 0]$$

の大きさと同じになるまでである．つまり

正孔の場合は

$$+q[0, E_y, 0] + q[0, -v_x B_z, 0] = 0 \to E_y \vec{j} - v_x B_z \vec{j} = 0$$
$$\to E_y = v_x B_z \tag{6.70a}$$

電子の場合は

$$-q[0, -E_y, 0] - q[0, v_x B_z, 0] = 0 \to E_y \vec{j} - v_x B_z \vec{j} = 0$$
$$\to E_y = v_x B_z \tag{6.70b}$$

となる．よって，正孔，電子ともに電界の大きさが $E_y = v_x B_z$ になると，どちらのキャリヤも見かけ上，曲げられずに進むことになる．この電界を**ホール電界**と呼ぶ．ここで，電流密度は x 成分のみなので，$\vec{J_c} = [j_x, 0, 0]$ と表すことができる．**図6.19**に示すように，単位時間に単位面積を通過する総電荷量が電流密度なので，$1 \times 1 \times v_x$ の体積中に含まれているキャリヤ数は，単位体積に含まれているキャリヤ数（キャリヤ密度）を n とすると，$n \times 1 \times 1 \times v_x$ となる．この電荷が，単位時間に 1×1 の単位面積を通

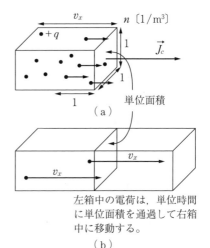

左箱中の電荷は，単位時間に単位面積を通過して右箱中に移動する．
(b)

図6.19 単位時間に単位面積を通過する電荷

過するので，正孔（電子）による電流密度は

正孔：$\vec{J_c} = [j_x, 0, 0] = (+q)n \times 1 \times 1 \times [v_x, 0, 0] = nqv_x \vec{i}$

$\rightarrow j_x = nqv_x$ (6.71 a)

電子：$\vec{J_c} = [j_x, 0, 0] = (-q)n \times 1 \times 1 \times [-v_x, 0, 0] = nqv_x \vec{i}$

$\rightarrow j_x = nqv_x$ (6.71 b)

よって

$$\therefore v_x = \frac{j_x}{nq} \tag{6.72}$$

となるので，式 (6.70) に代入すると

$$E_y = v_x B_z = \frac{j_x}{nq} B_z \tag{6.73}$$

となる。よって，電荷の偏りによる電界の式 (6.69) は

正孔の場合は

$$\vec{E} = [0, E_y, 0] = \left[0, \frac{j_x}{nq} B_z, 0\right] \tag{6.74 a}$$

電子の場合は

$$\vec{E} = [0, -E_y, 0] = \left[0, -\frac{j_x}{nq} B_z, 0\right] \tag{6.74 b}$$

となる。ここで，$+y$ 方向の端面 B に電圧計の負端子を，$-y$ 方向の端面 A に電圧計の正端子を取り付け，端面 B を基準にすると，この電荷の偏りにより生じる A の電位は

正孔の場合は

$$V_y = E_y a = \frac{1}{nq} j_x B_z a = \frac{1}{nq} \frac{I}{ab} B_z a = \frac{1}{nq} \frac{IB_z}{b} \tag{6.75 a}$$

電子の場合は

$$V_y = -E_y a = -\frac{1}{nq} j_x B_z a = -\frac{1}{nq} \frac{I}{ab} B_z a = -\frac{1}{nq} \frac{IB_z}{b} \tag{6.75 b}$$

となる。この電位差を**ホール電圧**と呼ぶ。ここで，式 (6.75 a), (6.75 b) の IB_z/b の係数を R_H と置くと

正孔の場合は

$$R_H = \frac{1}{nq} = \frac{V_y b}{I B_z} > 0 \tag{6.76 a}$$

と正になり、電子の場合は

$$R_H = -\frac{1}{nq} = \frac{V_y b}{I B_z} < 0 \tag{6.76 b}$$

と負になる。

もし、電圧計の端子を逆に取り付けた場合、つまり、$-y$ 方向の端面 A に電圧計の負端子を、$+y$ 方向の端面 B に電圧計の正端子を取り付け、端面 A を基準にすると、この電荷の偏りにより生じる B の電位は

正孔の場合は

$$V_y = -E_y a = -\frac{1}{nq} \frac{I B_z}{b} \tag{6.77 a}$$

電子の場合は

$$V_y = +E_y a = +\frac{1}{nq} \frac{I B_z}{b} \tag{6.77 b}$$

となる。同様に、式 (6.74 a)、(6.74 b) の $I B_z / t$ の係数を R_H と置くと

正孔の場合は

$$R_H = -\frac{1}{nq} = \frac{V_y b}{I B_z} < 0 \tag{6.78 a}$$

と、負になる。電子の場合は

$$R_H = \frac{1}{nq} = \frac{V_y b}{I B_z} > 0 \tag{6.78 b}$$

と、正になる。

つまり、電圧計の端子の取付け方によりホール係数は正にも負にもなり得ることに注意が必要である。一般に、正孔の場合は正、電子の場合は負になるように電圧計の端子が取り付けられている。

以上の結果より、ホール電圧、電流、磁束密度、厚さからホール係数が求められる。さらに、式 (6.76 a)、(6.76 b) を用いるとキャリヤ密度は

正孔の場合は

$$n = \frac{1}{R_H q} = \frac{IB_z}{qV_y b} \tag{6.79 a}$$

電子の場合は

$$n = \frac{1}{-R_H q} = \frac{-IB_z}{qV_y b} \tag{6.79 b}$$

となる。

つぎに，導電率は，キャリヤの電荷を e，移動度を μ とすれば

$$\sigma = ne\mu \tag{6.80}$$

と表されるので，移動度は

正孔の場合は

$$\mu = \frac{1}{ne}\sigma = R_H \sigma = \mu_H \tag{6.81 a}$$

電子の場合は

$$\mu = \frac{1}{ne}\sigma = -R_H \sigma = \mu_H \tag{6.81 b}$$

とホール係数を用いて移動度を表すことができる。このようにして求められた移動度を**ホール移動度**という。

6.5 キャリヤの拡散とアインシュタインの関係式

固体の中のキャリヤ密度に不均一性があると，密度の高いところから低いところにキャリヤは移動する。これを**拡散**と呼ぶ。いま，拡散現象をイメージしやすくするため，一次元モデルで考える。つまり，x 方向に電子の密度 n に差があり，$+x$ 方向に進むに従って密度は小さくなる場合を考える。拡散による電子の流れは密度の傾き（勾配）$\partial n / \partial x$ に比例する。そこで，x 方向に垂直な単位面積を通って $+x$ 方向に単位時間当りに通過する電子数は $\partial n / \partial x$ に比例するので，その比例係数を D_e とすると，その電子数は $-D_e(\partial n/\partial x)$ と表され

る。なぜならば、$+x$ 方向に進むに従って密度は小さくなっていく、つまり、密度勾配 $\partial n/\partial x$ は負の値となる。電子数は正の値にならなければならないので負符号が付いている。D_e を**拡散係数**、流れる電流を**拡散電流**と呼ぶ。よって、これによる電流密度は

$$\vec{J_e} = -e\left(-D_e\left(\frac{\partial n}{\partial x}\right)\vec{i_x}\right) = eD_e\left(\frac{\partial n}{\partial x}\right)\vec{i_x} \tag{6.82}$$

となる。$\partial n/\partial x$ は負なので、電子の流れである $+\vec{i_x}$ とは、逆方向が電流の流れになっている。これは電子の流れと電流の流れは逆向きであるので正しい。電界が同時に存在する場合は、電界による電流密度は

$$\vec{J_c} = \sigma\vec{E} = ne\mu\vec{E} = ne\mu E_x\vec{i_x} \tag{6.83}$$

より全電流は

$$\vec{J} = ne\mu_e E_x\vec{i_x} + eD_e\left(\frac{\partial n}{\partial x}\right)\vec{i_x} \tag{6.84}$$

となる。定常状態になり、電界による $+\vec{i_x}$ 方向の電流と、拡散による $-\vec{i_x}$ 方向の電流が等しくなると電流は流れなくなる。よって

$$\vec{J} = ne\mu_e E_x\vec{i_x} + eD_e\left(\frac{\partial n}{\partial x}\right)\vec{i_x} = 0$$

$$\therefore ne\mu_e E_x = -eD_e\left(\frac{\partial n}{\partial x}\right) \tag{6.85}$$

となる。ここで、電界に付随した $+1\mathrm{C}$ のポテンシャルエネルギーを ϕ とすると、電磁気学で学んだように

$$E_x = -\frac{\partial \phi}{\partial x} \tag{6.86}$$

となる。電子のポテンシャルエネルギーは $-e\phi$ であるから、ボルツマン統計を用いて電子密度を表すと

$$n = n_0 \exp\left(\frac{e\phi}{k_B T}\right) \tag{6.87}$$

となる。この両辺を x で 1 回微分すると

$$\frac{\partial n}{\partial x} = \frac{\partial n}{\partial \phi}\frac{\partial \phi}{\partial x} = \frac{e}{k_B T}\left(\frac{\partial \phi}{\partial x}\right)n \tag{6.88}$$

が得られるので

$$\frac{ne\mu_e E_x}{-eD_e} = \frac{e}{k_B T}(-E_x)n \to \frac{\mu_e}{eD_e} = \frac{1}{k_B T}$$

$$\therefore \frac{D_e}{\mu_e} = \frac{k_B T}{e} \tag{6.89}$$

が得られる。これは，移動度 μ_e と拡散係数の間に成立する式であり，**アインシュタインの関係**と呼ぶ。

6.6 光吸収と光吸収係数

　光（電磁波）を固体に照射した場合，固体はどのような振舞いを示すのか考えてみる。赤外線から紫外線まで光の波長によって振舞いは異なってくる。入射された光の一部は反射し，残りは固体の中に侵入する。侵入した光は固体に吸収されることなく進むものや，吸収されて侵入距離とともに光強度が弱くなる場合がある。光が単位長さ進む間に吸収される割合を光吸収係数と呼ぶ。ここでは，光が吸収されて弱くなっていく場合を考える。光が弱くなるのは固体により吸収されるからである。おもな光吸収の機構としては

　（A）　バンド間遷移による吸収（基礎吸収）
　（B）　励起子による吸収
　（C）　不純物による吸収
　（D）　格子振動による吸収
　（E）　電子，正孔などのキャリヤによる吸収

がある。これらの吸収がどの波長で生じるかの概略を示したスペクトルを**図6.20**に示す。波長の長い（周波数の低い）赤外線領域ではキャリヤによる吸収があり，波長が短く（周波数が高く）なっていくと，格子振動，不純物，励起子，そして，バンド間遷移により吸収されることを示している。

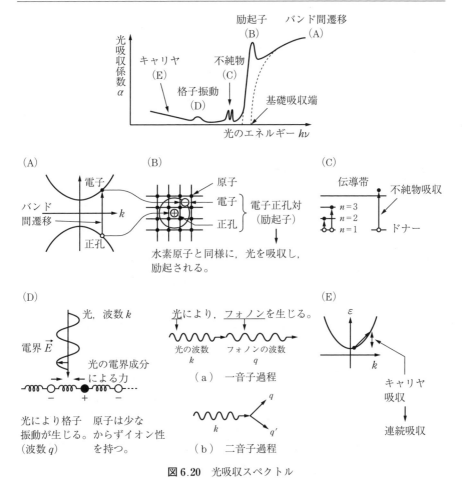

図 6.20 光吸収スペクトル

6.7 pn 接 合

一つの半導体の中に p 型領域と n 型領域が接している pn 接合を考える。接合する前の状態は，**図 6.21** のように，ドナーとアクセプタの不純物はすべてイオン化し，それぞれ電子と正孔を作り出しているとする。p 型領域にはイオン化したアクセプタ（マイナス電荷）と正孔が存在し，n 型領域はイオン化し

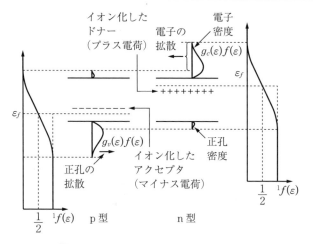

図6.21 p型, n型の正孔密度と電子密度

たドナー (プラス電荷) と電子, が作り出され電気的に中性の状態になっている。p型領域のフェルミエネルギーは価電子帯近傍に位置し, 正孔密度が高い。n型領域のフェルミエネルギーは伝導帯近傍に位置し, 電子密度が高い。この状態でpn接合させると, n型領域の伝導帯の電子はp型領域に拡散し正孔と再結合する。p型領域の価電子帯の正孔もn型領域に拡散し電子と再結合する。その結果, pn接合界面のn型領域ではイオン化したドナー (プラス電荷) が残され, p型領域ではイオン化したアクセプタ (マイナス電荷) が残される。

このように, 接合界面近傍にこれらのイオンによる電気二重層 (空間電荷層) が形成される。この層を**空乏層**と呼ぶ。これは図6.22 (d) のように平行平板コンデンサと同じように考えることができる。正のドナーイオンから負のアクセプタイオンに向かって電界が発生し, 正イオンの存在するn型領域の電位は, 負イオンの存在するp型領域の電位より高くなる。この電位差を V〔V〕とすると, 電位分布は図6.22 (e) のように変化すると考える。電位は正の単位電荷の持つポテンシャルエネルギーなので, 電子の持つポテンシャルエネルギーは図6.22 (f) のように低下することになる。よって, pn接合のバンド図は図6.22 (g) となり, p型領域とn型領域のフェルミエネルギーは等しくなる。つまり, 図6.21のように各領域でフェルミエネルギーが異なると, 電子密度の大きいn型領域の電子がp領域に拡散し, イオン化したドナーによりn型領域のバンドは下がっていく。そして, フェルミエネルギーが一致すると, フェルミ・ディラック分布関数が0になるエネルギー ε_2 を持つ電子は, p型

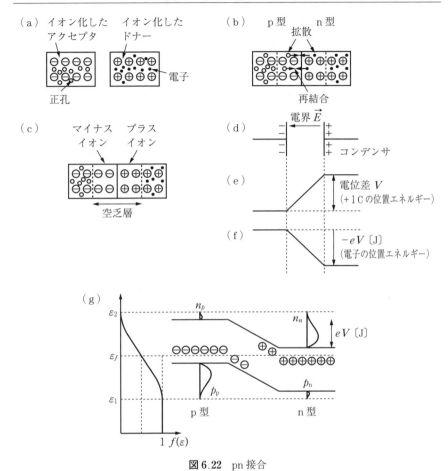

図 6.22 pn 接合

領域と n 型領域で 0 になるため，拡散も起きなくなり平衡状態になる。つまり，フェルミエネルギーが一致することになる。

演 習 問 題

6.1 室温（300 K）における半導体 GaAs の伝導帯と価電子帯の有効状態密度 N_c，N_v $[cm^{-3}]$ をそれぞれ求めなさい。また，真性キャリヤ密度 n_i $[cm^{-3}]$ を求めなさい。ただし，GaAs のバンド構造は，波数 $k=0$ の所に伝導帯の底と価電子帯の

頂がそれぞれ1個ある直接遷移型半導体である。また，GaAs のエネルギーギャップは 1.43 eV, $m_e^*/m = 0.07$, $m_h^*/m = 0.5$ であり, m_e^*, m_h^* はそれぞれ電子と正孔の有効質量, m は電子の静止質量である。

6.2 半導体 Si の比誘電率は 11.7 であり, $m_e^*/m = 0.5$（ただし, m_e^* は伝導帯電子の有効質量, m は電子の静止質量）であるものとする。Si 中に P をドープしたとき，このドナー中の電子の最小軌道半径 a_D 〔m〕，および，この電子を伝導帯に励起させるのに必要なエネルギー ε_D 〔eV〕を求めよ。必要ならば水素原子の基底状態のエネルギー $E_H = e^2/8\pi\varepsilon_0 a_H = 13.6$ eV, ボーア半径 $a_H = 4\pi\varepsilon_0 \hbar^2/me^2 = 0.53 \times 10^{-10}$ m を用いよ。

6.3 Si 真性半導体のエネルギーギャップを 1.1 eV とする。温度は 300 K, 電子と正孔の有効質量は電子の静止質量に等しいとする。
　（1）伝導帯の底において電子の満たされる確率を計算せよ。
　（2）真性キャリヤ密度〔m^{-3}〕を求めよ。

6.4 半導体のホール係数が -2×10^{-3} 〔m^3/C〕で, 抵抗率が 5.7×10^{-3} Ω cm であるとき，キャリヤである電子の密度 n 〔m^{-3}〕，および，ホール移動度 μ 〔m^2/V s〕を求めなさい。

6.5 ある真性半導体の価電子帯および伝導帯の有効状態密度 N_v, N_c の比が, $N_v/N_c = 10$ で与えられるとき，以下の問に答えなさい。ただし，等価な伝導帯の極小点の数は 1 とする[8]。
　（1）正孔と電子の有効質量の比, m_h^*/m_e^* を求めなさい。
　（2）室温ではフェルミ準位は禁制帯中央から上か下にどれほどずれているか求めなさい。

6.6 300 K における真性半導体 Ge の抵抗率は 0.50 Ω m である。電子と正孔の移動度をそれぞれ 0.39 m^2/V s, 0.19 m^2/V s として 300 K における真性キャリヤ密度 n_i 〔m^{-3}〕を求めなさい[14]。

6.7 図 6.23 のような半導体（$x \times y \times z = 10 \times 2 \times 1$ mm^3）に，x 方向に電流 $I = 1$ mA を印加し，z 方向に磁束密度 $B = 0.4$ Wb/m^2 の磁界を印加したところ，図のような向きに電位差 $V_H = 1$ mV が現れた。つぎの問に答えよ[14]。
　（1）この半導体は n 型か p 型か答えなさい。
　（2）ホール係数 R_H を求めなさい。
　（3）キャリヤ密度 n を求めなさい。

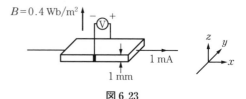

図 6.23

印加していた磁界を0にしたとき，試料の両端（x方向）の電位差が32 mVであった．

(4) 抵抗率ρを求めなさい．
(5) 導電率σを求めなさい．
(6) ホール移動度μ_Hを求めなさい．

6.8 半導体GaAsにエネルギー1.5 eVの光を照射したとき，入射光の80％を吸収するのに必要なGaAsの厚さ〔μm〕を求めよ．ただし，1.5 eVの光におけるGaAsの吸収係数αを10^4 cm^{-1}とし，表面における反射は考えないものとする[8]．

6.9 ホール効果について，以下の空欄を埋めなさい．

136ページの図6.18のように半導体に電流を流し，磁界中に置かれている．いま，磁束密度を$\vec{B}=[0, 0, B_z]$，正孔，電子の電荷を$+q$，$-q(q>0)$，正孔（電子）の速度の大きさを$v_x(v_x>0)$とする．ベクトルで表すと，正孔では$\vec{v}_{+q}=[v_x, 0, 0]$，電子では$\vec{v}_{-q}=[(あ), 0, 0]$となる．磁界により電荷に働くローレンツ力は

正孔の場合は

$$\vec{F} = +q\vec{v}_{+q}\times\vec{B} = +q\begin{vmatrix}\vec{i}&\vec{j}&\vec{k}\\v_x&0&0\\0&0&B_z\end{vmatrix} = +q[0, -v_xB_z, 0]$$

$$\to \vec{F}=[F_x, F_y, F_z]=q[0, -v_xB_z, 0]$$

$$\to \therefore F_x=0,\ F_y=-qv_xB_z,\ F_z=0 \qquad (1\text{a})$$

電子の場合は

$$\vec{F}=(い)\vec{v}_{-q}\times\vec{B}=(い)\begin{vmatrix}\vec{i}&\vec{j}&\vec{k}\\(あ)&0&0\\0&0&B_z\end{vmatrix}=(い)[0,(う),0]$$

$$\to \vec{F}=[F_x, F_y, F_z]=(い)[0,(う),0]$$

$$\to \therefore F_x=0,\ F_y=(え),\ F_z=0 \qquad (1\text{b})$$

となる．

つまり，正孔（電子）に対して同じ$-y$方向の力が働き，A面に正電荷（負電荷）がたまり始めるが，その電荷の偏りにより以下の電界が生じるものとする（ただし，$E_y>0$）．

正孔の場合は　　$\vec{E}=[0, E_y, 0]$　　　　　　　　　　　　　　(2a)
電子の場合は　　$\vec{E}=[0, -E_y, 0]$　　　　　　　　　　　　　(2b)

ここで，電界のy成分E_yはどの程度まで大きくなるかというと，これにより生じ

る力 $\vec{F} = +q\vec{E} = +q[0, E_y, 0]$ ($\vec{F}$ = (お) = (か)) の大きさが磁界によるローレンツ力 $\vec{F} = +q[0, -v_xB_z, 0]$ ($\vec{F} = -q[0, v_xB_z, 0]$) の大きさと同じになるまでである。つまり

正孔の場合は　　$+q[0, E_y, 0] + q[0, -v_xB_z, 0] = 0 \to E_y\vec{j} - v_xB_z\vec{j} = 0$

$\to E_y = v_xB_z$ 　　　　　　　　　　　　　　　　　　　(3 a)

電子の場合は　　(か) + (い)$[0, (う), 0] = 0 \to$ (き) $= 0$

$\to E_y = v_xB_z$ 　　　　　　　　　　　　　　　　　　　(3 b)

よって，正孔，電子ともに電界の大きさが $E_y = v_xB_z$ になると，見掛け上どちらのキャリヤも曲げられずに進むことになる。この電界を（く）と呼ぶ。ここで，与えられている電流密度は $\vec{J_c} = [j_x, 0, 0]$ と表すことができる。図6.19に示すように，単位時間に単位面積を通過する総電荷量が電流密度なので，各辺の長さを 1, 1, v_x にしたときに，この体積中に含まれているキャリヤ数 $n \times 1 \times 1 \times v_x$（$n$ は単位体積に含まれているキャリヤ数（キャリヤ密度））が単位時間に 1×1 の単位面積を通過するので，正孔（電子）により電流密度を表すと

正孔の場合は　　$\vec{J_c} = [j_x, 0, 0] = (+q)n \times 1 \times 1 \times [v_x, 0, 0] = nqv_x\vec{i} \to j_x = nqv_x$

電子の場合は　　$\vec{J_c} = [j_x, 0, 0] =$ (け) $= nqv_x\vec{i} \to j_x = nqv_x$

よって

$$v_x = \frac{j_x}{nq}$$

となるので，式 (3 a) または式 (3 b) に代入すると

$$E_y = v_xB_z = \frac{j_x}{nq}B_z$$

であるから，式 (2 a), (2 b) は

正孔の場合は　　$\vec{E} = [0, E_y, 0] = \left[0, \frac{j_x}{nq}B_z, 0\right]$ 　　　　　　(4 a)

電子の場合は　　$\vec{E} = [0, -E_y, 0] = [0, (こ), 0]$ 　　　　　　　　　(4 b)

となる。ここで，$+y$ 方向の端面 B に電圧計の負端子を，$-y$ 方向の端面 A に電圧計の正端子を取り付け，端面 B を基準にすると，この電荷の偏りにより生じる A の電位は

正孔の場合は　　$V_y = E_ya = \frac{1}{nq}j_xB_za = \frac{1}{nq}\frac{I}{ab}B_za = \frac{1}{nq}\frac{IB_z}{b}$ 　　(5 a)

電子の場合は　　$V_y = $ (さ)$a = $ (し)$j_xB_za = $ (し)$\frac{I}{ab}B_za = $ (し)$\frac{IB_z}{b}$ 　　(5 b)

となる。この電位差を**ホール電圧**と呼ぶ。ここで，式 (5 a), (5 b) の IB_z/b の係

数を R_H と置くと

　　正孔の場合は　　$R_H = \dfrac{1}{nq}$

　　電子の場合は　　$R_H = $ （し）

となる。また，ホール係数はホール電圧を用いて表すと

　　正孔の場合は　　$R_H = \dfrac{1}{nq} = \dfrac{V_y b}{I B_z}$

　　電子の場合は　　$R_H = $ （し）$ = $ （す）V_y

となる。よって，実験により，I，B_z，b，V_y が求まると，ホール係数が決まり，したがって，キャリヤ密度は

　　正孔の場合は　　$n = \dfrac{1}{R_H q}$

　　電子の場合は　　$n = $ （せ）

より求めることができる。

6.10 価電子帯の状態密度は

$$g_v(E) = \dfrac{\sqrt{2}}{\pi^2 \hbar^2} (m_h^*)^{\frac{3}{2}} (E_v - E)^{\frac{1}{2}}$$

となることを導きなさい。

7 誘電体

　誘電体とは何か。誘電体に電界を加えると電荷の偏り（電気分極）が生じる。なぜ，生じるのか。どのように生じるのか。どのような分極の仕方があるのか。交流電界を加えるとエネルギーを損失する（誘電損失）のはなぜか。7章では，誘電体の基本的性質について学ぶ。

　誘電体に電界を加えたとき，どのような現象が生じるのか，その基本的な性質をこの章では考えていく。絶縁体（誘電体）に電界を加えると，負電荷が正極側に，正電荷は陰極側に微小変位し電気双極子が生じる。この現象を**誘電分極**という。電荷分布の偏り方（分極の仕方）は物質によりさまざまである。代表的なものを局所電界という概念を用いて説明する。つぎに，交流電界を加えたときの分極の仕方（誘電分散）を説明する。

ヘンドリック・ローレンツ（オランダ）

7.1 電気双極子モーメントと誘電分極

まず初めに,電磁気学を復習する。$+q$〔C〕の正電荷と$-q$〔C〕の負電荷が,微小距離lだけ離れて置かれているとき,$+q$と$-q$の対を**電気双極子**と呼ぶ。そして,$-q$から$+q$に向かうベクトルを$\vec{l}$とすると

$$\vec{m} = q\vec{l} \tag{7.1}$$

なる$\vec{m}$を,**電気双極子モーメント**と呼ぶ。ここで,誘電体中の原子を考える。図7.1のように,等方的な物質では,電界がない場合は,負荷を持つ電子から正電荷を持った原子核の方向に向かう電気双極子モーメントのベクトル和は0になる。しかし,電界がある場合には原子核と

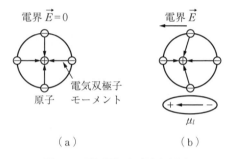

図7.1 電気双極子(電子分極)

電子が変位するため電気双極子モーメントのベクトル和は0にならない。つまり,誘電体に電界を印加すると,原子自体に電荷の偏り,つまり,双極子が形成される。このように,双極子を作る現象を巨視的な分極または**誘電分極**(dielectric polarization)という。誘電分極を起こす物質という意味で,絶縁体のことを**誘電体**(dielectrics)とも呼ぶ。

誘電体中に多数の電気双極子モーメントがあるとき,単位体積内の電気双極子モーメントのベクトル和を**分極ベクトル**または単に**分極**と呼ぶ。つまり,体積Vの中の電気双極子モーメントのベクトル和$\sum_i \vec{m_i}$を考えると,分極ベクトル$\vec{P}$は

$$\vec{P} = \frac{\sum_i \vec{m_i}}{V} = \frac{\sum_i q\vec{l_i}}{V} \quad [\text{C}/\text{m}^2] \tag{7.2}$$

のように定義される。こう考えると，分極ベクトルはつぎの意味を持つことになる。

誘電体の内部に辺の長さ Δx, Δy, Δz で区切られた図7.2のような微小体積 ΔV を考える。いま，z 軸方向に電界 $\vec{E}$ を加えたところ，分極ベクトル $\vec{P}$ が図の方向に生じたとする。$\vec{E}$ と $\vec{P}$ のなす角度を θ とすると

$$\Delta V = \overbrace{\Delta x \Delta y}^{\text{上底面の面積}} \overbrace{\Delta z \cos\theta}^{z\text{方向の高さ}} = \Delta x \Delta y \Delta z \cos\theta$$

となる。ΔV 内の電気双極子モーメントのベクトル和の大きさ（絶対値）は，単位体積当りが $|\vec{P}|$ なので

$$|\vec{P}|\Delta V = |\vec{P}|\Delta x \Delta y \Delta z \cos\theta \quad [\mathrm{C\,m}] \leftarrow \frac{\mathrm{C}}{[\mathrm{m}^2]}[\mathrm{m}^3] \tag{7.3}$$

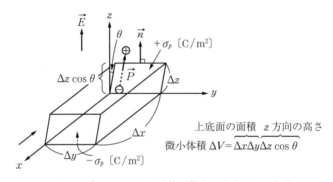

図7.2　誘電分極により単位面積を通過する正電荷量

となる。ここで，分極ベクトル $\vec{P}$ が生じたことを，ΔV 内で誘電分極が生じた，つまり，正負等量の分極電荷が変位した結果，上下面に面積電荷密度 $\pm\sigma_p$ $[\mathrm{C/m}^2]$ が現れたとする。すると，面上の分極電荷は $\pm\sigma_p \Delta x \Delta y$ $[\mathrm{C}]$ となるので，これを電気双極子の電荷とみなすことができる。よって，電気双極子モーメントの大きさは

$$\underbrace{\sigma_p \Delta x \Delta y}_{\text{電荷量}} \underbrace{\Delta z}_{\text{距離}} \ [\mathrm{C\,m}]$$

と書ける。これは，微小体積 ΔV が誘電分極した結果，作り出した双極子モー

メントのベクトル和の大きさなので，式 (7.3) と等しいことになる。よって

$$\sigma_p \Delta x \Delta y \Delta z = |\vec{P}| \Delta x \Delta y \Delta z \cos\theta \ [\text{C m}]$$

$$\rightarrow \frac{\sigma_p \Delta x \Delta y \Delta z}{\Delta x \Delta y \Delta z} = \frac{|\vec{P}| \Delta x \Delta y \Delta z \cos\theta}{\Delta x \Delta y \Delta z} \ [\text{C/m}^2]$$

$$\therefore \ \sigma_p = |\vec{P}| \cos\theta = \vec{P} \cdot \vec{n} \ [\text{C/m}^2] \tag{7.4}$$

と表すことができる。ただし，$\vec{n}$ は電界 $\vec{E}$ と平行な単位ベクトル（上面の単位法線ベクトル）である。これから $\vec{P} \cdot \vec{n}$ は上面の面積電荷密度を表すことがわかる。別な表現を用いると「**$\vec{P}$ と角 θ をなすベクトル $\vec{n}$ を法線ベクトルとする単位面積を誘電分極により通過する正電荷量**」である。また，$\vec{P} \cdot \vec{n}$ は分極ベクトル $\vec{P}$ の単位法線ベクトル $\vec{n}$ 方向の大きさ（成分）である。よって，$\theta = 0$ のとき，$\sigma_p = |\vec{P}|$ であるから，分極ベクトル自体の大きさ $|\vec{P}|$ は $\vec{P}$ 方向に分極して変位し現れた正電荷量と考えることができる。

まとめると

- 分極ベクトルとは，単位体積内の電気双極子モーメントのベクトル和
- 分極ベクトルの大きさとは，電気双極子モーメントの方向（電荷の変位方向）に垂直な面の単位面積を通った正電荷の量

である。

7.2 誘 電 率

真空中に置かれた二つの電荷 $+q_1 \ [\text{C}]$ と $-q_2 \ [\text{C}]$ の間に働く力は，クーロンの法則より

$$\vec{F}_{12} = \frac{(+q_1)(-q_2)\vec{r}_{12}}{4\pi\varepsilon_0 |\vec{r}_{12}|^3}$$

で表される。ここで，$\vec{r}_{12}$ は電荷 2 から電荷 1 に向かう距離ベクトル，ε_0 は真空の**誘電率**といわれ

$$\varepsilon_0 = 8.854 \times 10^{-12} \ [\mathrm{F/m}] = [\mathrm{C^2/N\,m^2}] \tag{7.5}$$

である。物質の誘電率を ε とするとその比

$$\varepsilon_r = \frac{\varepsilon}{\varepsilon_0} \tag{7.6}$$

は**比誘電率**と呼ばれる。

図7.3に示すように，表面電荷密度 $\pm\sigma$ $[\mathrm{C/m^2}]$ （ただし，取り出せる電荷であり，**真電荷**という）の等量異符号の電荷を与えた平行電極間に等方的な誘電体を挿入すると，誘電体を構成する正電荷と負電荷は互いにわずかに変位し誘電分極を起こす。すると，7.1節で述べたように，電極付近の誘電体の電荷（面積電荷密度）は分極ベクトルの大きさ $|\vec{P}|$ に等しい。ただし，正極側には負の，負極側には正の電荷（取り出せない電荷であり**分極電荷**，**拘束電荷**という）が現れる。これにより，電極内面の真電荷の電荷量は見掛け上減少するので，電極間の電界や電位差は小さくなる。また，図7.3のように，誘電体の内部では電気双極子の等量の正電荷と負電荷が向かい合うので，電荷は中和され，電荷は存在しないように見える。ここで，電荷に関してまとめると

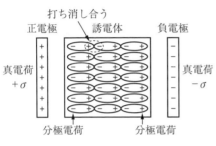

図7.3 分極電荷と真電荷

> **分極電荷**：誘電体の分極の結果現れる電荷
> **真電荷**：導体表面上の電荷のように，自由に取り出せる電荷

と呼ぶ。電束密度 $\vec{D}$ は誘電体内の電界を $\vec{E}$ とすると

$$\vec{D} = \varepsilon_0 \vec{E} + \vec{P} \tag{7.7}$$

と定義されている。また

$$\vec{D} = \varepsilon \vec{E} = \varepsilon_r \varepsilon_0 \vec{E} \tag{7.8}$$

$$\vec{P} = \chi \vec{E} \tag{7.9}$$

が成り立つ。χ を**電気的感受率**という。後の節で明らかにするように、電子分極、イオン分極、配向分極による分極ベクトル $\vec{P}$ は $\vec{E}$ に比例する。つまり、式 (7.7), (7.8) より

$$\begin{aligned}\vec{D} &= \varepsilon_0 \vec{E} + \vec{P} \rightarrow \varepsilon \vec{E} = \varepsilon_0 \vec{E} + \vec{P} \\ &\rightarrow \varepsilon_r \varepsilon_0 \vec{E} = \varepsilon_0 \vec{E} + \vec{P} \rightarrow \vec{P} = \varepsilon_0 (\varepsilon_r - 1) \vec{E}\end{aligned} \tag{7.10}$$

と表され、式 (7.9), (7.10) より χ は

$$\vec{P} = \chi \vec{E} = \varepsilon_0 (\varepsilon_r - 1) \vec{E} \rightarrow \therefore \chi = \varepsilon_0 (\varepsilon_r - 1) \tag{7.11}$$

と表される。

7.3 局所電界

　誘電体の電界の定義の仕方には 2 種類あり、一つは電磁気学で学んだ誘電体中の電界であり、これを**巨視的電界**と呼び、もう一つは誘電体内部の粒子に作用する電界であり、これを**局所電界**と呼ぶ。巨視的な誘電体に外部から電界を加える（外部電界 E_0）と、誘電体内の粒子（分子など）の電荷が微小変位し、式 (7.1) で表される電気双極子モーメント $\vec{m}$ が発生する。この電気双極子モーメントを作り出す局所的な電界を局所電界 $\vec{E}_l$ とする。局所電界を平均したものを巨視的電界 $\vec{E}$ とする。平均の意味は後に示す。局所電界と巨視的電界との間には

> **ワンポイント**
> 電気双極子モーメント
> $\vec{m} = q\vec{l}$ …(7.1)

$$\vec{E}_l = \vec{E} + \gamma \frac{\vec{P}}{\varepsilon_0} \tag{7.12}$$

なる関係が成り立つ。ここで，γを**局所電界定数**と呼ぶ。局所電界定数を求める一つの方法として，ローレンツの方法がある。これにより局所電界定数を計算すると，$\gamma=1/3$となり，式 (7.12) は

$$\vec{E_l} = \vec{E} + \frac{\vec{P}}{3\varepsilon_0} \tag{7.13}$$

となる。この局所電界 $\vec{E_l}$ を**ローレンツ電界**という。

7.4 誘電分極の機構

均質な誘電体の分極機構として，図7.1の**電子分極**，図7.4 (a), (b) の**イオン分極**と**配向分極（双極子分極）**の三つが挙げられる。まず，電子分極について述べる。原子中の正電荷を持った原子核と，負電荷を持った電子に，外部電界が加わると，原子核と電子の分布に偏りが生じる。つまり，正電荷の多い領域と負電荷の多い領域が生じる，つまり，電気双極子が生じ，負電荷から正電荷に向かうベクトルである，電気双極子モーメントが生じる。この分極を電子分極と呼ぶ。このときの電気双極子モーメントは，導出の計算は省略するが

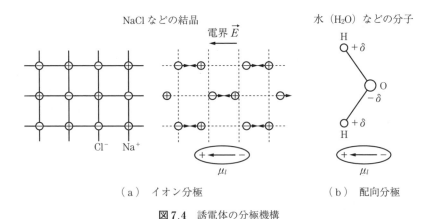

図7.4 誘電体の分極機構

7.4 誘電分極の機構

$$\vec{\mu_e} = Zqx = 4\pi\varepsilon_0 R^3 \vec{E_l} = \alpha_e \vec{E_l} \tag{7.14}$$

となる。Zは原子番号，qは陽子の電荷量，Rは原子内の電子は一様な密度で分布していると考えたときの電子雲の球の半径，xは，電界（局所電界）による力と，分極による電荷分布の偏りをもとに戻そうとする力が釣り合ったときの，電子雲の中心と原子核との距離である。α_eを**電子分極率**という。単位体積中の原子の数をNとすると，電子分極による分極ベクトルは

$$\vec{P_e} = N\alpha_e \vec{E_l} \tag{7.15}$$

となる。

つぎに，イオン分極について述べる。NaClやLiFなどのイオン結晶は，正イオンと負イオンから成る。外部電界が印加されると，正負イオンが図7.4（a）のように微小変位する。したがって，電気双極子が生じ，電気双極子モーメントを定義できる。この分極をイオン分極と呼ぶ。イオン分極による電気双極子モーメントは，導出の計算は省略するが

$$\vec{\mu_i} = qd = \frac{q^2}{K}\vec{E_l} = \alpha_i \vec{E_l} \tag{7.16}$$

となる。dは電界（局所電界）により誘起されたイオンの平衡位置からの変位，Kは各イオンがばねで結ばれているとみなしたときのばね定数である。α_iを**イオン分極率**という。単位体積中のイオン数をN_iとすると，イオン分極による分極ベクトルは

$$\vec{P_i} = N_i \alpha_i \vec{E_l} \tag{7.17}$$

となる。

最後に，水（H_2O）やアンモニア（NH_3）などの配向分極について述べる。図7.4（b）のように水H_2Oなどの分子は，Hに比べてOの電気陰性度が高いので，酸素側に電子（負電荷）が，水素側に正電荷が分布し偏りが生じ，電気双極子がつねに存在する。このような分極を**配向分極**と呼ぶ。また，このよう

な分子を**極性分子**と呼び，この電気双極子モーメントを**永久双極子モーメント**という。電気双極子モーメント $\vec{\mu}_p$ の電界（局所電界）方向成分の平均値は

$$\langle \mu_p \cos\theta \rangle = \frac{\mu_p^2 E_l}{3k_B T} \tag{7.18}$$

となる。θ は電気双極子モーメント $\vec{\mu}_p$ と局所電界 $\vec{E}_l$ とのなす角度である。単位体積中の双極子分子数を N_p とすると，配向分極による分極ベクトルは

$$\vec{P}_p = \frac{N_p \mu_p^2}{3k_B T} \vec{E}_l = N_p \alpha_p \vec{E}_l \tag{7.19}$$

となる。ここで，α_p を**双極子分極率（配向分極率）**という。

7.5　誘電分散と誘電損失

いままでの議論は静電界を加えた場合である。つぎに，時間的に電界の向きと大きさが変化する交流電界中に誘電体が置かれた場合を考える。交流電界の周波数が低い場合には，電気双極子モーメントの向きが交流電界に追随して変化するが，周波数が高くなると，電気双極子は慣性を持っているため，追随できなくなり，遅れて変化するようになる。さらに周波数が高くなると，その変化についていけなくなり，電気双極子モーメントの向きは時間的に変化できなくなる。つまり，分極ベクトル $\vec{P}$ は，交流電界の周波数により，変化することになる。ここで電束密度 $\vec{D}$ は

$$\vec{D} = \varepsilon \vec{E} = \varepsilon_0 \vec{E} + \underbrace{\vec{P}}_{=\chi \vec{E}} = \varepsilon_0 \vec{E} + \chi \vec{E} = (\varepsilon_0 + \chi)\vec{E}$$

$$\therefore \varepsilon = \varepsilon_0 + \chi \tag{7.20}$$

であるので，単位体積当りの電気双極子モーメント，つまり，分極ベクトル $\vec{P}$ の電気的感受率 χ が周波数の増加とともに小さくなるので，誘電率 ε も小さくなることがわかる。ここで，交流電界として

$$E = E_0 e^{i\omega t} = E_0(\cos\omega t + i\sin\omega t) \tag{7.21}$$

が印加されたとすると，電束密度 D の位相は遅れることになる。位相差を δ とすると

$$D = D_0 e^{i(\omega t - \delta)} = D_0(\cos(\omega t - \delta) + i\sin(\omega t - \delta)) \tag{7.22}$$

と表すことができる。ここで，D を E で割ると

$$\frac{D}{E} = \frac{D_0 e^{i(\omega t - \delta)}}{E_0 e^{i\omega t}} = \frac{D_0 e^{i\omega t} e^{-i\delta}}{E_0 e^{i\omega t}} = \frac{D_0}{E_0} e^{-i\delta} = \frac{D_0}{E_0}(\cos(-\delta) + i\sin(-\delta))$$

$$= \frac{D_0}{E_0}(\cos\delta - i\sin\delta)$$

ここで

$$\varepsilon^* \equiv \frac{D_0}{E_0}(\cos\delta - i\sin\delta) \to \varepsilon' \equiv \frac{D_0}{E_0}\cos\delta, \quad \varepsilon'' \equiv \frac{D_0}{E_0}\sin\delta$$

と置くと

$$\therefore \varepsilon^* = \varepsilon' - i\varepsilon'' \tag{7.23}$$

となる。ここで，ε^* を**複素誘電率**という。

　配向分極（双極子分極），イオン分極，電子分極，それぞれの電気双極子モーメントの時間的変化，つまり，単位体積当りの電気双極子モーメントのベクトル和である分極ベクトル $\vec{P}$ の変化，したがって，電気的感受率 χ の変化は，マクロ的には複素誘電率の δ（外部交流電界に対する電気双極子の位相の遅れ δ）の変化として現れ，低周波では 0 であるが，高周波になると増加していく。つまり，複素誘電率の実数部は $\cos\delta$ なので，周波数の増加とともに小さくなり，虚数部は $\sin\delta$ を含むので，大きくなっていく。そして，位相差の変化は急激に起きる。つまり，ある周波数までは双極子は追随していくが，ある周波数に近くなっていくと追随できずに，位相差が急激に大きくなるので，複素誘電率の実数部は 0 に近付き，虚数部は大きくなる。この振舞いは，配向分極，イオン分極，電子分極それぞれで起きる。この現象を**誘電分散**という。

追随できなくなる周波数の領域は，配向分極では $10^6 \sim 10^9$ Hz の短波からマイクロ波領域であり，イオン分極では 10^{13} Hz の赤外線領域，電子分極では 10^{15} Hz の紫外線領域となる．分極率の実数部の角周波数依存性を**図 7.5** に示す．以上の各周波数において複素誘電率の虚数部が増加するが，これは，誘電体が交流電界のエネルギーを吸収し，熱エネルギーに変換するからである．このエネルギー損失を**誘電損失**という．高周波用のコンデンサなどは誘電損失の小さな材料が用いて作られている．

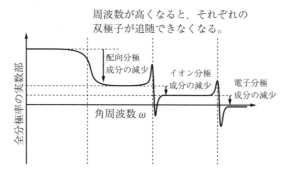

図 7.5 配向分極，イオン分極，電子分極を持つ物質の，それぞれの分極率の実数部を角周波数の関数として示したもの

演習問題

7.1 電気双極子とは何か，電気双極子モーメントはどのように定義されているか説明しなさい．
7.2 分極とは何か，分極ベクトルはどのように定義されているか説明しなさい．
7.3 電子分極，イオン分極，配向分極とはどのような分極か説明しなさい．
7.4 複素誘電率とは何か説明しなさい．

8 磁　性　体

　鉄は，なぜ磁気があるのか。なぜ磁石になるのか。本章では，固体の磁気的性質について説明する。

　古典力学には運動量と角運動量という量がある。角運動量は回転運動を表す量である。量子力学ではそれに対応する量は**軌道角運動量**と呼ばれる。さらに，これとは別に，スピン角運動量（単にスピン）という量も導入された。1925年，ウーレンベックとハウスミットによって，各波長の光をどの程度強く出すかを表す，原子の発光するスペクトル線の微細構造を説明するために導入された概念である。1928年，ディラックは電子の三次元の角運動量成分のほかに，もう一つの成分があることを明らかにし，これがスピンに相当することが示された。ここで，電子が円運動すると，電子は負電荷を持っているので円電流が流れる。電流の大きさと円の面積との積を大きさに持ち，円電流が作り出す磁界の方向を持つベクトルを**磁気モーメント**と呼ぶ。軌道角運動量による磁気モーメントとスピン角運動量による磁気モーメントがあり，これにより磁気的性質（磁性）が現れる。原子は磁気モーメントを持つ電子が多数存在する。原子の磁気モーメントは，フントの規則により決められる。また，物質（磁性体）は磁気モーメントを持った原子の集まりである。単位体積当りのそれぞれの原子が持つ全磁気モーメントは，互いに相互作用しながら並ぶが，その和を**磁化ベクトル**と呼ぶ。これは外部磁界により変化し，その係数を**磁化率**と呼ぶ。磁化率の値により，おもに反磁性，常磁性，強磁性，反強磁性，フェリ磁性に分類される。

ピエール・キュリー（フランス）

8.1 磁性の起源

原子の磁気モーメントにより物質の磁性は生じる。磁気モーメント $\vec{\mu}_m$ は図 8.1 に示すように，環状電流 I〔A〕が面積 S の面の周りを流れているとき

$$\vec{\mu}_m = IS\vec{n} \tag{8.1}$$

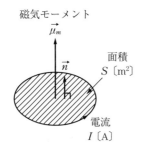

図 8.1 磁気モーメントの定義

と定義されている。ここで，$\vec{n}$ は環状電流の方向に右ねじを回したとき，ねじの進む方向を持つ単位ベクトルである。では，なぜ原子は磁気モーメントを持つのか考える。原子は電子と原子核から成る。原子核の陽子による磁気モーメントは無視できるほど小さい。よって，電子に起因するものを考えると，以下の二つが挙げられる。つまり

（1）　電子の軌道角運動量
（2）　電子のスピン角運動量

による磁気モーメントである。

8.1.1 電子の軌道運動による磁気モーメント

電子は原子の中を軌道運動している，つまり，電流が流れていると考えることができるので，式 (8.1) に従って磁気モーメントを計算できる。電子の軌道運動を円運動とみなし，電子の速度を $\vec{v}$，半径を r とすると，電子は単位時間に $|\vec{v}|$〔m〕進むので，単位時間に軌道上のある断面を通過する回数は $|\vec{v}|/2\pi r$ となる。これに電荷を掛けると $I = e|\vec{v}|/2\pi r$ なる電流が流れているとみなせる。磁気モーメントは，電流とループ面の面積 S との積であり，方向は電流の方向に右ねじを回したとき，ねじの進む方向と定義されているので

8.1 磁性の起源

$$\vec{\mu}_{ml} = SI\vec{n} = \pi r^2 \frac{e|\vec{v}|}{2\pi r}\vec{n} = \frac{e|\vec{v}|r}{2}\vec{n} \tag{8.2}$$

となる。

ここで，図 8.2 のように，円運動に対する**角運動量**は

$$\vec{L}_l = \vec{r} \times \vec{p} \tag{8.3}$$

と定義されている。大きさは

$$|\vec{L}_l| = |\vec{r} \times \vec{p}| = |\vec{r} \times \vec{v}\, m|$$

$$= m|\vec{r}||\vec{v}|\sin\frac{\pi}{2} = mr|\vec{v}|$$

なので，これを用いて式 (8.2) の磁気モーメントを表すと

$$\vec{\mu}_{ml} = \frac{e|\vec{v}|r}{2}\vec{n} = \frac{e}{2m}\overbrace{mr|\vec{v}|}^{=|\vec{L}_l|}\vec{n} = \frac{e}{2m}|\vec{L}_l|\vec{n}$$

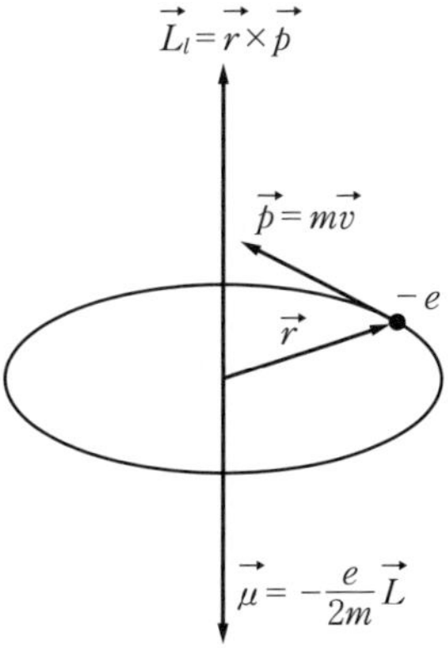

図 8.2 軌道磁気モーメント

となる。図 8.2 に示すように，角運動量 $\vec{L}_l$ の方向は上向き，電子の運動方向は反時計方向なので電流は時計方向に流れる。この方向に右ねじを回転させたときにねじの進む方向は下向きであり，磁気モーメントの方向となる。つまり，角運動量 $\vec{L}_l$ の方向と，$\vec{n}$ の方向は逆なので，角運動量 $\vec{L}_l$ を用いて磁気モーメントを表すと

$$\vec{\mu}_{ml} = -\frac{e}{2m}\vec{L}_l \tag{8.4}$$

となる。量子力学の計算によると，角運動量 $\vec{L}_l$ の大きさは量子化され，不連続な値

$$|\vec{L}_l| = \hbar\sqrt{l(l+1)} \quad (l = 0, 1, 2, \cdots, n-1) \tag{8.5}$$

となる。l を**方位量子数**と呼ぶ。n は主量子数である。この電子の軌道運動による磁気モーメントのことを**軌道磁気モーメント**と呼び，大きさは

$$|\vec{\mu}_{ml}| = \left| -\frac{e}{2m}\vec{L}_l \right| = \frac{e}{2m}\overbrace{|\vec{L}_l|}^{=\hbar\sqrt{l(l+1)}} = \overbrace{\frac{e\hbar}{2m}}^{\equiv\mu_B}\sqrt{l(l+1)} = \mu_B\sqrt{l(l+1)} \quad (8.6)$$

$$(l = 0, 1, 2, \cdots, n-1)$$

となり，不連続な値をとる．ここで

$$\mu_B \equiv \frac{e\hbar}{2m} = 9.274 \times 10^{-24} \text{ A m}^2 \quad (8.7)$$

を**ボーア磁子**（Bohr magneton）と呼ぶ．

8.1.2 電子のスピンによる磁気モーメント

　電子は粒子（波束）のように振る舞い，また，波動関数で表されるように波のようにも振る舞う．ここでは電子の自転のようなスピンについて考える．スピンによる角運動量を**スピン角運動量** $\vec{L}_s$ といい，量子力学による結果を用いると，$\vec{L}_s$ の大きさは

$$|\vec{L}_s| = \hbar\sqrt{s(s+1)}$$
$$s = +\frac{1}{2}, -\frac{1}{2} \quad (8.8)$$

となる．s を**スピン量子数**と呼ぶ．電子のスピンによる磁気モーメント（**スピン磁気モーメント**）は，式 (8.4) の $\vec{L}_l$ の代わりに $\vec{L}_s$ を用い，さらに，量子力学の結果から 2 倍され

$$\vec{\mu}_{ms} = -\frac{e}{2m}2\vec{L}_s = -\frac{e}{m}\vec{L}_s \quad (8.9)$$

$$\left. \begin{array}{l} |\vec{\mu}_{ms}| = \left| -\dfrac{e}{m}\vec{L}_s \right| = \dfrac{e}{m}\overbrace{|\vec{L}_s|}^{=\hbar\sqrt{s(s+1)}} = \dfrac{e\hbar}{2m}2\sqrt{s(s+1)} = 2\mu_B\sqrt{s(s+1)} \\ s = +\dfrac{1}{2}, -\dfrac{1}{2} \end{array} \right\} \quad (8.10)$$

となる．このように，原子の磁気モーメントは，電子の軌道磁気モーメントと

スピン磁気モーメントによりほぼ決まる。

8.2 磁化率と透磁率

物質の磁気的性質は，**磁化ベクトル**（単に**磁化**）$\vec{M}$ を用いて論じられる。磁化ベクトル $\vec{M}$ とは，微小体積 δv に含まれるそれぞれの原子の磁気モーメント $\vec{\mu}_i$ は，互いに相互作用しながら，配列するが，それらを足し合わせたベクトル和 $\sum_i \vec{\mu}_i$ を，微小体積 δv で割った値，つまり，単位体積当りの全磁気モーメントのことである。つまり

$$\vec{M} = \frac{\sum_i \vec{\mu}_i}{\delta v} \tag{8.11}$$

と定義される。いま，ソレノイドの中に物質を置き，コイルに電流を流し磁界を作るとき

物質内の磁束密度（$\vec{B}$）=
外部から加えられた磁束密度（$\vec{B}_0$）+ 物質の磁化による磁束密度（$\vec{B}_m$）

となるので

$$\vec{B} = \vec{B}_0 + \vec{B}_m \tag{8.12}$$

である。ここで，物質の磁化による磁束密度は

$$\vec{B}_m = \mu_0 \vec{M} \tag{8.13}$$

と定義されている。$\vec{B}_m$ のことを**磁気能率**と呼ぶ。また，真空中では $\vec{B}_0 = \mu_0 \vec{H}$ と書けるので，式 (8.12) は

$$\vec{B} = \vec{B}_0 + \vec{B}_m = \mu_0 \vec{H} + \mu_0 \vec{M} = \mu_0 (\vec{H} + \vec{M}) \tag{8.14}$$

と書ける。一般に物質の磁化ベクトル $\vec{M}$ は外部磁界 $\vec{H}$ により変化するので

$$\vec{M} = \chi \vec{H} \tag{8.15}$$

表8.1 常磁性体と反磁性体の磁化率

常磁性体	磁化率 χ	反磁性体	磁化率 χ
Al	2.3×10^{-5}	Bi	-1.66×10^{-5}
Ca	1.9×10^{-5}	Cu	-9.8×10^{-6}
Mg	1.2×10^{-5}	Au	-3.6×10^{-5}
O	2.1×10^{-5}	N	-5.0×10^{-9}
W	6.8×10^{-5}	Si	-4.2×10^{-6}

と書く。係数 χ を**磁化率**と呼ぶ。すると，磁化ベクトル $\vec{M}$ と外部磁界 $\vec{H}$ が同方向のとき，つまり，$\chi>0$ の物質を**常磁性体**と呼び，磁化ベクトル $\vec{M}$ と外部磁界 $\vec{H}$ が逆方向のとき，つまり，$\chi<0$ の物質を**反磁性体**と呼ぶ。**表8.1** に常磁性体と反磁性体の磁化率の値を示す。

式 (8.15) を式 (8.14) に代入すると

$$\vec{B} = \mu_0(\vec{H} + \vec{M}) = \mu_0(\vec{H} + \chi\vec{H}) = \overbrace{\mu_0(1+\chi)}^{\equiv \mu}\vec{H}$$

$$\therefore \vec{B} = \mu\vec{H} \tag{8.16}$$

と定義されている。ここで，μ を磁性体の**透磁率**と呼ぶ。磁性体内の磁束密度 $\vec{B}$ と外部磁束密度 $\vec{B}_0$ との比を

$$\frac{\vec{B}}{\vec{B}_0} = \frac{\mu\vec{H}}{\mu_0\vec{H}} = \frac{\mu}{\mu_0} \equiv \mu_s \tag{8.17}$$

と定義する。ここで，μ_s を**比透磁率**という。さらに

$$\mu_s = \frac{\mu}{\mu_0} = \frac{\mu_0(1+\chi)}{\mu_0} = 1+\chi \tag{8.18}$$

と表される。まとめると

磁化率 $\chi>0$ …常磁性体
磁化率 $\chi<0$ …反磁性体

となる。

8.3 磁性体の分類

8.1節で述べたように,原子が磁気モーメントを持つのは,電子の軌道運動による軌道磁気モーメント $\vec{\mu}_{ml}$ と電子のスピンによるスピン磁気モーメント $\vec{\mu}_{ms}$ があるためであり,原子1個の全磁気モーメント $\vec{\mu}_m$ はこの二つの磁気モーメントが相互作用しながら配列した結果のベクトル和となる。外部磁界がなくても,これら全体のベクトル和が互いに打ち消し合い0になるときと,有限の大きさを持つ場合がある。後者の場合,原子は**永久磁気モーメント(永久磁気双極子)**を持つという。図8.3に各種磁性体の磁気モーメントの並び方を示す。(a)**反磁性体**と(b)**常磁性体**は,外部磁界 $\vec{H}$ を印加すると磁気モーメントが並ぶ物質である。(c)**反強磁性体**,(d)**強磁性体**,そして(e)**フェリ磁性体**は,外部磁界 $\vec{H}$ を印加しなくても磁気モーメントが,逆向きまたは同じ向きに並ぶ物質である。

(a) 反磁性　　(b) 常磁性　　(c) 反強磁性　　(d) 強磁性　　(e) フェリ磁性

図8.3　各種磁性体の磁気モーメントの並び方

つぎに,これらの磁性体について説明する。

〔1〕**反　磁　性　体**

反磁性体は外部磁界 $\vec{H}$ を印加すると,図8.3(a)のように磁気モーメント $\vec{\mu}$ が磁界 $\vec{H}$ と逆向きになる。よって,磁化率 χ はマイナスとなる。また,すべての物質は反磁性の性質を持つ。

〔2〕**常　磁　性　体**

常磁性体中の原子の全磁気モーメントはばらばらにさまざまな方向を向いて

いるが，外部磁界 $\vec{H}$ を印加すると，図 8.3（b）のように各原子の全磁気モーメント $\vec{\mu}_m$ が外部磁界 $\vec{H}$ と同じ向きになる。常磁性体の磁化率 χ は

$$\left. \begin{array}{l} \chi = \dfrac{C}{T} \propto T^{-1} \\[2mm] C = \dfrac{N\mu_m^2}{3k_B} \end{array} \right\} \tag{8.19}$$

であり，温度 T に反比例する。この法則を**キュリーの法則**という。また，C を**キュリー定数**という。N は単位体積中の永久磁気双極子数，$\vec{\mu}_m$ は全磁気モーメントの大きさである。この法則は，外部磁界があるときでも，温度が高く熱エネルギーが高いと，磁気モーメントを作り出している原子にエネルギーを与え，磁気モーメントの向きが変わりやすくなる。つまり，熱エネルギーによって，磁気モーメントはさまざまな方向に向こうとするために，磁化率が小さくなることを示している。

〔3〕 **強 磁 性 体**

強磁性体は各原子が永久磁気モーメントを持ち，これらの原子の磁気モーメント間で相互作用し（**交換相互作用**と呼ぶ），自発的に近くの原子どうしの磁気モーメントが図 8.3（d）のように同じ向きに並び（**自発磁化**と呼ぶ），図 8.4 のように，小さな領域ができる。この領域を**磁区**という。

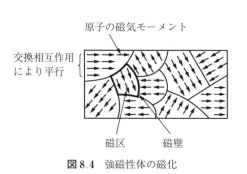

図 8.4 強磁性体の磁化

外部磁界を加えていくと各磁区内の各原子の磁気モーメントは同じ方向に向きがそろっていき，ほとんどの原子の磁気モーメントが同じ方向を向くと飽和してしまう。このときの磁化ベクトルを**飽和磁化**という。しかし，温度が上昇してくると，各原子のエネルギーが高くなり熱振動をし始め，磁気モーメントの向きがそろわなくなりランダムになる。

ある温度を超えると，磁区内の原子の磁気モーメントはばらばらな方向を向き，その和は0になり，外部磁界を加えても飽和磁化は0になってしまう。この温度 T_c を**キュリー温度**と呼ぶ。つまり，各原子の磁気モーメントをそろえようとする交換相互作用が働かなくなり，常磁性体のように磁化率は温度に反比例する。つまり，磁化率は

$$\chi = \frac{C}{T-T_c} \propto T^{-1} \quad (T > T_c) \tag{8.20}$$

のように振る舞う。これを**キュリー・ワイスの法則**という。強磁性体の材料として，Fe，Co，Ni，それらの合金がある。

〔4〕 **反 強 磁 性 体**

反強磁性体も各原子が永久磁気モーメントを持つが，交換相互作用により磁気モーメントどうしが図8.3(c)のように互いに逆の向きに並ぶ。これらの物質は，逆向きに並ぶとき，全体のポテンシャルエネルギーが最低になるからである。このときの磁化率は

$$\chi = \frac{C}{T+\theta} \propto T^{-1} \quad (T > T_N) \tag{8.21}$$

となる。θ_N は導出の過程で出てくる特性温度である。反強磁性体は**ネール温度** T_N を超えると，常磁性体と同じような理由から磁化率は温度に反比例する。反強磁性体の材料として，Cr，Mn，MnO，NiO などがある。

〔5〕 **フェリ磁性体**

フェリ磁性体は，各原子の永久磁気モーメントの大きさが異なり，各原子の磁気モーメントが図8.3(e)のように逆向きに並ぶものをいう。**図8.5**のように四面体 A-site と八面体 B-site があり，それぞれの中心の磁気

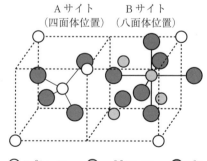

図8.5 マグネタイト Fe_3O_4 の A-site と B-site

モーメントが逆向きで，しかも，大きさも異なる物質である。フェリ磁性を示す代表的な物質は**フェライト**であり，この化学式は

$$MFe_2O_4 (M = Mn^{2+}, Fe^{2+}, Co^{2+}, Ni^{2+})$$

であり，$NiFe_2O_4$，$FeFe_2O_4$ をそれぞれ，ニッケルフェライト，鉄フェライト（磁鉄鉱，マグネタイト）という。

演習問題

8.1 銅の磁化率を -0.5×10^{-5} とする。これに 10^6 A/m の磁界を印加したときの，銅の内部の磁束密度 B 〔T〕と磁化ベクトル（磁化の強さ）M 〔A/m〕を求めなさい。

8.2 磁気モーメントの定義を説明しなさい。

8.3 なぜ物質は磁石になるのか，その起源について説明しなさい。

8.4 常磁性，強磁性，反強磁性，フェリ磁性とは何か説明しなさい。

9 超伝導体

　水銀などの金属や合金を冷却すると超伝導体に転移する場合がある。超伝導現象とはどのような現象なのか。なぜ，磁石の上に浮上するのか。このとき，固体内部ではどのような現象が起きているのか。9章は，超伝導体の基本的性質について学ぶ。

　1911年，オランダのカマリン・オンネスは，水銀の電気抵抗の低温度での振舞いを研究しているとき，4.153 K以下の温度で電気抵抗が突然0になることを発見した。この現象を**超伝導現象**という。その後，多くの単体金属や合金で超伝導現象が観測された。1973年にはNb_3Geが臨界温度$T_c=23.2$ Kを持つことが発見された。1986年ドイツのベドノルツとミュラーはLa-Ba-Cu-Oの銅酸化物で超伝導を発見し，世界中の研究者が探索に取り組んだ。2015年現在の最高値は$HgBa_2Ca_2Cu_3O_{8+\delta}$ (Hg-1223)において超高圧下で$T_c=153$ Kとなっている。

カマリン・オンネス（オランダ）

9.1 完全導電性

超伝導体の代表的現象は，**図9.1**に示すように，ある温度以下になると電気抵抗が突然消滅し，0となることである。この温度を**臨界温度（転移温度）**T_cと呼ぶ。この現象は，電気抵抗の存在する通常の状態（常伝導状態）から，臨界温度T_cを境に電気抵抗のない超伝導状態に**相転移**したという。このとき流れる電流を**超伝導電流**と呼ぶ。FileとMillsは，超伝導ソレノイドに電流を流したのち，外部起電力のないすべて超伝導でできた閉回路を作る。この電流に付随した磁界を核磁気共鳴法で精密に測定したところ，超伝導電流の減衰時間は100 000年と結論付けている。このため，この電流は**永久電流**と呼ばれている。

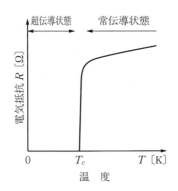

図9.1 電気抵抗の温度依存性

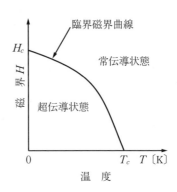

図9.2 臨界磁界の温度依存性

超伝導体を磁界中に置き磁界強度を増加させていくと，ある磁界で超伝導状態が壊れ常伝導状態に転移する。この磁界を**臨界磁界**H_cと呼び，温度に対してつぎのように変化する。

$$H_c(T) = H_c(0)\left[1 - \left(\frac{T}{T_c}\right)^2\right] \tag{9.1}$$

この様子を**図9.2**に示す。

9.2 マイスナー効果

超伝導体の特徴の重要な一つに**マイスナー効果**（完全反磁性）と呼ばれる性質がある。これは，超伝導体が完全導体であるという単純な理由からは説明できない現象である。

図 9.3 は完全導体，**図 9.4** は超伝導体の場合の磁化の様子を示している。図

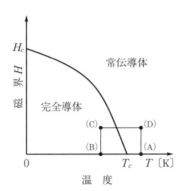

（a） 完全導体の H-T 特性

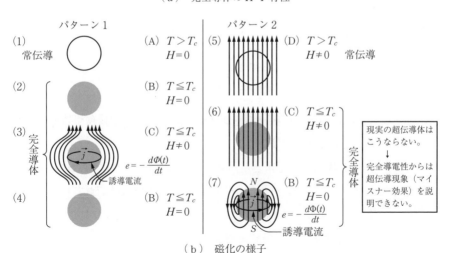

（b） 磁化の様子

図 9.3 完全導体の場合の磁化の様子

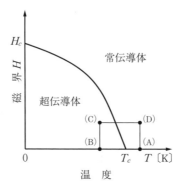

（a） 超伝導体の H-T 特性

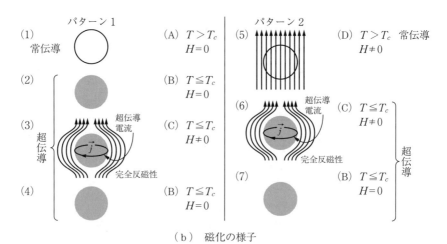

（b） 磁化の様子

図 9.4 超伝導体の場合の磁化の様子

9.3（a）は，横軸は温度，縦軸は完全導体から常伝導体に相転移すると仮定したときの磁界（臨界磁界）である。図（b）は図（a）において，(A) → (B) → (C) → (B) と状態を変化させたパターン1の場合と，(D) → (C) → (B) と変化させたパターン2の場合の完全導体の場合の磁化の様子を表している。

初めに，状態をパターン1のように変化させた場合の磁化は (1) → (2) → (3) → (4) と変化する。常伝導状態であるパターン1 (1) から，完全導体状態であるパターン1 (2) に変化させる。つぎに，外部磁界を加えてパターン1

9.2 マイスナー効果

(3) の状態にする。磁界が 0 の状態から有限の状態に時間的に変化させたので，電磁誘導の法則により，完全導体中に誘導起電力 $e = -d\Phi(t)/dt$ が生じ，誘導電流が流れる。つまり，外部磁界が物質内部に入り込まない方向に電流は流れ，パターン 1 (3) のように磁化される。完全導体なのでジュール熱は発生せず，誘導電流は減少することなく流れ続ける。つぎに，この状態から外部磁界を 0 に変化させると，さらに，電磁誘導により誘導起電力が逆向きに生じ，誘導電流は 0 に変化し，パターン 1 (4) のように変化する。超伝導体の場合も，図 9.4 に示しているように，(A) → (B) → (C) → (B) と状態を変化させたパターン 1 の場合は，(1) → (2) → (3) → (4) のように磁化され，完全導体の場合と同じように磁化される。

しかし，図 9.3 (b) のように完全導体を (D) → (C) → (B) とパターン 2 で変化させたときの磁化の様子を (5) → (6) → (7) に示す。パターン 2 (5) の状態は常伝導状態なので，外部磁界を増加させると誘導電流が流れるが，電気抵抗があるのでジュール熱としてエネルギーが消費され，誘導電流は 0 になり，物質内部に磁束線は入っている。この状態から，パターン 2 (6) に変化させ完全導体の状態にしても，そのまま磁束線は変化しない。しかし，この状態からパターン 2 (7) に変化させると，いままで存在していた磁界が 0 に変化するので，その変化を妨げるように誘導電流が流れ，図のように磁化される。パターン 2 (7) は完全導体の状態なので誘導電流は流れ続け，磁化された状態が維持される。

つぎに，超伝導物質を同様に変化させた場合を考える。図 9.4 (b) に示すように，パターン 2 (5) の状態では常伝導状態なので，磁界を増加させても誘導電流は生じるが，すぐにジュール熱に変化し 0 となり，完全導体と同じように，磁束線が物質内に入っている。しかし，冷却してパターン 2 (6) に変化させると，超伝導体の内部の磁束密度が 0 になるように超伝導電流が表面に流れ，完全反磁性の性質を示す。これが，**マイスナー効果**である。この状態から外部磁界を 0 に減少させても，完全導体の場合の図 9.3 (b) (7) のように磁化された状態は生じずに，図 9.4 (b) (7) のようになる。このように，完

全導電性では説明できないマイスナー効果という現象が，超伝導の大きな特徴である。

つぎに，超伝導体の磁化ベクトル（磁化）$\vec{M}$ を求める。物質の磁束密度は 8.2 節で述べたように以下のように定義されている。

物質内の全磁束密度 $\vec{B}$ =

外部から加えた磁束密度 $\vec{B_0}$ + 物質の磁化による磁束密度 $\vec{B_m}$

であるから

$$\vec{B} = \underbrace{\vec{B_0}}_{=\mu_0 \vec{H}} + \underbrace{\vec{B_m}}_{=\mu_0 \vec{M}} \rightarrow \vec{B} = \mu_0 \vec{H} + \mu_0 \vec{M} = \mu_0(\vec{H} + \vec{M}) \qquad (9.2)$$

となる。超伝導体は物質内の全磁束密度が $\vec{B} = 0$ となる完全反磁性を示すので，$\mu_0(\vec{H} + \vec{M}) = 0$ となり，磁化ベクトル $\vec{M}$ は

$$\vec{M} = -\vec{H} \ [\mathrm{A/m}] \qquad (9.3)$$

となる。つまり，外部磁界 $\vec{H}$ と同じ大きさ（完全）で逆向き（反磁性）の磁化ベクトルになる。

9.3　ロンドン方程式

マイスナー効果を説明する方程式を最初に提唱したのはロンドン（London）兄弟である。厳密ではないが現象論的にうまく説明している。彼らは，超伝導状態では電気伝導に関与する電子として，超伝導電子と常伝導電子の2種類があると考えた。超伝導電子は散乱されることはないので何の抵抗も受けることなく移動し，超伝導電流の担い手となる。常伝導電子は不純物や格子欠陥などと衝突して抵抗を受ける。このような超伝導・常伝導の2種類の電子の存在を仮定する考え方を **2流体モデル** と呼び，超伝導現象をよく説明しており現在でもよく用いられる。

超伝導電流の担い手は超伝導電子なので，4.1 節で述べたように，超伝導体に瞬間的に電界 $\vec{E}$ が存在したとすると，超伝導電子に対する運動方程式は

$$m^* \frac{d\langle \vec{v_s} \rangle}{dt} = -e\vec{E} - \frac{m^*\langle \vec{v_s}\rangle}{\tau}$$

となる。m^* は 1 個の電子の有効質量，$\langle \vec{v_s} \rangle$ は 1 個の超伝導電子のドリフト速度である。右辺第 2 項の散乱の項を 0 とすると

$$m^* \frac{d\langle \vec{v_s} \rangle}{dt} = -e\vec{E}$$

となる。電流密度は式 (4.8) より超伝導電子 1 個を単位としたときの密度を n_s（9.4.3 項で述べる 2 個の電子が対となったクーパー対の総数を N_{cp}，超伝導体の体積を L^3 とすると，$n_s = 2N_{cp}/L^3$ となる）とすると，$\vec{J_s} = n_s(-e)\langle \vec{v_s} \rangle = -n_s e \langle \vec{v_s} \rangle$ なので，両辺を時間微分すると

$$\frac{\partial \vec{J_s}}{\partial t} = -n_s e \overbrace{\frac{\partial \langle \vec{v_s} \rangle}{\partial t}}^{=-\frac{e\vec{E}}{m^*}} = n_s e \frac{e\vec{E}}{m^*} = \frac{n_s e^2}{m^*}\vec{E} \rightarrow \vec{E} = \overbrace{\frac{m^*}{n_s e^2}}^{\equiv \Lambda}\frac{\partial \vec{J_s}}{\partial t}$$

$$\therefore \vec{E} = \Lambda \frac{\partial \vec{J_s}}{\partial t} \quad \text{ただし} \quad \Lambda \equiv \frac{m^*}{n_s e^2} \tag{9.4}$$

となる。この式は，直流電流のとき，電流密度の時間変化はないので，$\partial \vec{J_s}/\partial t = 0$ である。よって，電界は $\vec{E} = 0$ となり，電圧降下は生じないことを示している。この式 (9.4) は完全導電性を表す式となる。ここで，マクスウェル方程式（ファラデーの法則）

$$\text{rot}\,\vec{E} = -\frac{\partial \vec{B}}{\partial t} \tag{9.5}$$

を用いると式 (9.4) は

$$\frac{\partial \vec{J_s}}{\partial t} = \frac{1}{\Lambda}\vec{E} \rightarrow \text{rot}\frac{\partial \vec{J_s}}{\partial t} = \frac{1}{\Lambda}\overbrace{\text{rot}\,\vec{E}}^{=-\frac{\partial \vec{B}}{\partial t}} \rightarrow \text{rot}\frac{\partial \vec{J_s}}{\partial t} + \frac{1}{\Lambda}\frac{\partial \vec{B}}{\partial t} = 0$$

$$\rightarrow \frac{\partial}{\partial t}\left(\text{rot}\,\vec{J_s} + \frac{1}{\Lambda}\vec{B}\right) = 0 \tag{9.6}$$

となる。よって，$\text{rot}\,\vec{J_s} + (1/\Lambda)\vec{B} =$ 定数，とならなければならない。ここで，

定数を 0 と仮定すると

$$\mathrm{rot}\vec{J_s} + \frac{1}{\Lambda}\vec{B} = 0 \to \vec{B} = -\mathrm{rot}(\Lambda\vec{J_s}) \to \mu_0\vec{H} = -\mathrm{rot}(\Lambda\vec{J_s}) \qquad (9.7)$$

$$\therefore \vec{H} = -\mathrm{rot}\left(\frac{\Lambda}{\mu_0}\right)\vec{J_s} = -\nabla\times\left(\frac{\Lambda}{\mu_0}\right)\vec{J_s} \qquad (9.8)$$

この式 (9.4) と式 (9.8) を**ロンドン方程式**と呼ぶ。また，マクスウェル方程式（アンペア・マクスウェルの法則）は

$$\mathrm{rot}\vec{H} = \nabla\times\vec{H} = \vec{J_s} + \frac{\partial\vec{D}}{\partial t} \qquad (9.9)$$

であり，時間的に変化しない定常状態を考えると

$$\mathrm{rot}\vec{H} = \vec{J_s} + \overbrace{\frac{\partial\vec{D}}{\partial t}}^{=0} \to \mathrm{rot}\vec{H} = \vec{J_s} \qquad (9.10)$$

となる。よって

$$\mathrm{rot}(\mathrm{rot}\vec{H}) = \nabla\times\underbrace{(\nabla\times\vec{H})}_{=\vec{J_s}} = \nabla\times\vec{J_s} \qquad (9.11)$$

したがって，式 (9.8) より

$$\nabla\times\vec{J_s} = -\frac{\mu_0}{\Lambda}\vec{H} \qquad (9.12)$$

となる。ここで，ベクトル三重積の公式 $\vec{a}\times(\vec{b}\times\vec{c}) = (\vec{a}\cdot\vec{c})\vec{b} - (\vec{a}\cdot\vec{b})\vec{c}$ より，式 (9.11) 左辺は

$$\nabla\times(\nabla\times\vec{H}) = \nabla\underbrace{(\nabla\cdot\vec{H})}_{=\mathrm{div}\vec{H}=0} - \nabla^2\vec{H} = -\nabla^2\vec{H} \qquad (9.13)$$

であるので，式 (9.11) 〜 (9.13) より

$$\nabla^2\vec{H} = \frac{\mu_0}{\Lambda}\vec{H}$$

$$\to \left(\frac{\partial^2}{\partial x^2} + \frac{\partial^2}{\partial y^2} + \frac{\partial^2}{\partial z^2}\right)(H_1, H_2, H_3) = \frac{\mu_0}{\Lambda}(H_1, H_2, H_3) \qquad (9.14)$$

ここで，外部磁界を z 方向にのみ印加したとする。つまり，$\vec{H} = (0, 0, H_3)$ とすると

9.3 ロンドン方程式

$$\left(\frac{\partial^2}{\partial x^2}+\frac{\partial^2}{\partial y^2}+\frac{\partial^2}{\partial z^2}\right)(0,0,H_3)=\frac{\mu_0}{\Lambda}(0,0,H_3)$$

$$\therefore \frac{\partial^2 H_3}{\partial x^2}+\frac{\partial^2 H_3}{\partial y^2}+\frac{\partial^2 H_3}{\partial z^2}=\frac{\mu_0}{\Lambda}H_3 \tag{9.15}$$

となる。ここで**図 9.5** のように $x=0$ の yz 平面を境にして，$x<0$ では真空，$x>0$ では超伝導体であるような半無限超伝導体の単純なモデルを考える。すると，超伝導体内部の磁界は，半無限の系なので y, z の値に

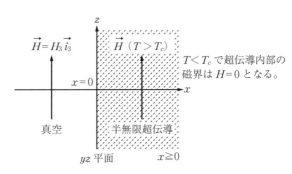

図 9.5　半無限超伝導体中の磁界

依存しない，つまり，任意の y, z でも x のみの関数と考えることができる。つまり，$\vec{H}=(0,0,H_3(x))$ と，x のみの関数となるので，式 (9.15) は

$$\frac{\partial^2 H_3(x)}{\partial x^2}+\overbrace{\frac{\partial^2 H_3(x)}{\partial y^2}}^{=0}+\overbrace{\frac{\partial^2 H_3(x)}{\partial z^2}}^{=0}=\frac{\mu_0}{\Lambda}H_3(x)$$

よって

$$\frac{\partial^2 H_3(x)}{\partial x^2}=\frac{\mu_0}{\Lambda}H_3(x) \tag{9.16}$$

となる。ここで

$$\lambda_L^2 \equiv \frac{\Lambda}{\mu_0} \tag{9.17}$$

と置くと

$$\frac{\partial^2 H_3(x)}{\partial x^2}=\frac{1}{\lambda_L^2}H_3(x) \tag{9.18}$$

となる。ここで，λ_L を**ロンドンの磁界侵入深さ**（London's penetration depth）

と呼ぶ。この微分方程式の特性方程式は

$$\lambda^2 - \frac{1}{\lambda_L^2} = 0 \tag{9.19}$$

判別式は

$$D = -4 \cdot 1 \cdot \underbrace{\left(-\frac{1}{\lambda_L^2}\right)}_{>0} > 0$$

よって実根となる。したがって

$$\lambda = \frac{\pm\sqrt{-4 \cdot 1 \cdot \left(-\frac{1}{\lambda_L^2}\right)}}{2 \cdot 1} = \pm\sqrt{\frac{1}{\lambda_L^2}} = \pm\frac{1}{\lambda_L} \tag{9.20}$$

より，一般解は

$$H_3(x) = C_1 e^{\frac{1}{\lambda_L}x} + C_2 e^{-\frac{1}{\lambda_L}x} \tag{9.21}$$

となる。図9.6に $y = e^x$ と $y = e^{-x}$ の関数の形を示す。マイスナーは超伝導体内部の磁束が0であることを実験により発見した。つまり $x \to \infty$ の超伝導体内部では，完全反磁性 $\vec{B} = 0$ なので，そのためには $C_1 = 0$ でなければならない。したがって

$$H_3(x) = C_2 e^{-\frac{1}{\lambda_L}x} \tag{9.22}$$

となる。ここで，$H_3(x=0) = C_2 \underbrace{e^{-\frac{1}{\lambda_L}0}}_{=1} = C_2$ より

$$H_3(x) = H_3(0) e^{-\frac{1}{\lambda_L}x} \tag{9.23}$$

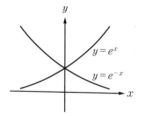

図9.6　$y = e^x$ と $y = e^{-x}$ の関数

となる。ここで，$x = \lambda_L$ のときを考えると，式(9.23)は

$$H_3(\lambda_L) = H_3(0) e^{-\frac{1}{\lambda_L}\lambda_L} = \frac{H_3(0)}{e} \tag{9.24}$$

となる。つまり，図9.7に示すように，$x = 0$ の真空と超伝導体の境界面の磁界

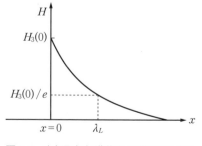

図9.7　半無限超伝導体中の磁界侵入深さ

の強さは超伝導体内部に進むに従って指数関数的に小さくなり，$1/e$ の強さになる距離が λ_L（ロンドンの磁界侵入深さ）であることがわかる。つまり，ロンドン方程式は超伝導体内部には磁界は λ_L までしか侵入できないことを示しており，これはマイスナーの実験事実と一致する。

9.4 超伝導体の諸特性

　超伝導体には完全導電性と完全反磁性の性質のほかにも，さまざまな特性を持っている。そこで，(1) 第一種・第二種超伝導体，(2) 磁束の量子化，(3) 比熱，(4) 遠赤外光吸収スペクトル，(5) 同位体効果，について述べていく。

9.4.1　第一種・第二種超伝導体と磁束の量子化

　超伝導体は印加された磁界に対する磁化の仕方によって，**第一種超伝導体（軟超伝導体）**と**第二種超伝導体（硬超伝導体）**の二つに分けることができる。第一種超伝導体の磁化ベクトル $\vec{M}$ の印加磁界依存性を**図9.8**に示す。印加磁界を増加させても，完全導電性 $R=0$ と完全反磁性（式(9.3)）$\vec{M} = -\vec{H}$ の状態を維持したまま，磁化ベクトル $\vec{M}$ の大きさは比例して増加していく。しかし，ある印加磁界で突然，磁化ベクトルが $\vec{M}=0$ となり，内部の磁束密度は $\vec{B} \neq 0$ になり，さら

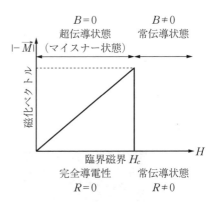

図9.8　第一種超伝導体の磁化ベクトル $\vec{M}$ の印加磁界依存性

に，完全導電性も壊れ電気抵抗は $R \neq 0$ になり，超伝導性が壊れる。この磁界は 9.1 節で述べた**臨界磁界** H_c である。この場合の臨界磁界の値は小さい。

　つぎに，第二種超伝導体の場合は，**図9.9**に示すように，印加磁界の増加と

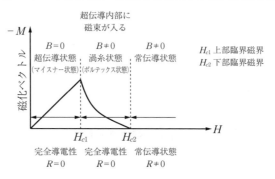

図 9.9 第二種超伝導体の磁化ベクトル $\vec{M}$ の印加磁界依存性

ともに磁化ベクトル $\vec{M}$ の大きさは比例して増加し，完全導電性 $R=0$ と完全反磁性 $\vec{M}=-\vec{H}$ の状態であるが，ある磁界で超伝導体の内部に磁束が侵入し始め完全反磁性の性質が壊れる．この磁界を**下部臨界磁界** H_{c1} と呼ぶ．しかし，完全導電性は維持され電気抵抗は $R=0$ のままである．このとき，超伝導体内部の磁束は連続的な任意の大きさの磁束を取ることはできず，量子化された離散的な値しか取り得なくなる．この現象を**磁束の量子化**と呼ぶ．量子化された磁束の最小の大きさは

$$\Phi = \frac{h}{2e} = 2.068 \times 10^{-15} \; [\mathrm{T \; m^2}] \tag{9.25}$$

となり，これを最小単位にし，整数倍の値 $n\Phi$（$n=1, 2, 3, \cdots$）しか超伝導体の内部では取り得なくなる．この量子化された磁束は，最もエネルギーの低い状態の**アブリコソフ格子**と呼ばれる**図 9.10** のような，配置で並ぶようにな

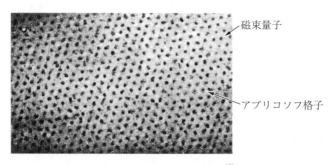

図 9.10 アブリコソフ格子[12]

る。このように量子化された磁束（**磁束量子**）が超伝導体内部に侵入し混じっている状態を，**混合状態（渦糸状態，ボルテックス状態）**と呼ぶ。さらに，磁界を増加させていくと，磁化ベクトルは $\vec{M}=0$，完全導電性も壊れ電気抵抗は $R \neq 0$ となり，超伝導性は完全に壊れ常伝導体になる。この磁界を**上部臨界磁界** H_{c2} と呼ぶ。上部臨界磁界 H_{c2} の値は大きく，Nb，Al，Ge の合金で $H_{c2}=$ 41 T，$PbMo_6S_8$ で $H_{c2}=54$ T と非常に大きな値を持つことができる。コイルに電流を流すと磁界を発生させることができるが，その電磁石の作り出せる磁界は，$PbMo_6S_8$ の場合は $H_{c2}=54$ T に達するまで作り出せる。通常の金属は電気抵抗を持っているため，強磁界を作り出すためには大電流が必要であり，これに伴うジュール熱による発熱，融解が起きてしまう。しかし，超伝導体の $PbMo_6S_8$ は強磁界まで完全導電性を維持できるので，ジュール熱による発熱は生じないので，強磁界を作り出すことが可能になる。これが超伝導材料の大きな特徴である。強磁界を必要とするリニアモーターカーや人体の断層写真が得られる磁気共鳴画像装置（MRI）などの電磁石に使われるコイルの材料として，この第二種超伝導体が使用されている。

9.4.2 比熱の飛びと遠赤外光吸収スペクトル

超伝導体の比熱の温度に対する変化の様子を**図 9.11** に示す。印加磁界 200 G のデータは，臨界磁界を越えた常伝導状態のときのデータである。印加磁界が 0 のとき，臨界温度 T_c の所で飛びが生じ不連続になっている。3.4 節で述べたように，比熱とは単位質量の物質の温度を単位温度だけ上昇させるのに必要な熱量，つまりエネルギーのことである。固体の温度が高くなる，つまり，エネルギーが高まるという現象は，電子のエネルギーが高くなる，または，格子振動が激しくなり，フォノンのエネルギーの増加やフォノンの数の増加を意味する現象である。このエネルギーの高まりが連続的に変化するのではなく，不連続で変化するということは，電子またはフォノンのエネルギーの増加が不連続であるということを意味する。そこで，電子の比熱の対数を取ったものを縦軸に，横軸を温度の逆数 $1/T$ にしてプロットすると，**図 9.12** のように直線

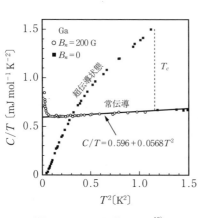
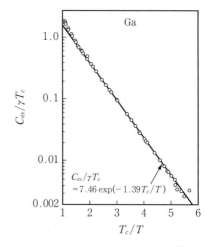

図 9.11 Ga の比熱の飛び[13]　　**図 9.12** 電子比熱の温度依存性[13]

で変化することがわかった．つまり，電子比熱は温度の逆数 $1/T$ に対して指数関数的に変化している．一般に，熱エネルギーの変化に伴い，大きさ Δ のポテンシャル障壁を飛び越えて粒子が励起する場合，アレニウスの式

$$n = n_0 e^{-\frac{\Delta}{k_B T}} \tag{9.26}$$

に従って温度変化する．ここで，k_B：ボルツマン定数，Δ：活性化エネルギー (activation energy)，n_0：前指数関数因子である．したがって，電子の比熱の実験結果は，超伝導状態では電子はエネルギーギャップを超えて励起されていることを意味する．つまり，超伝導状態になると，エネルギーギャップが生じることがわかる．

つぎに，超伝導体の遠赤外光吸収スペクトルを調べてみると，長波長の光は吸収されないが，ある波長より短いところから，光吸収が生じることが確認された．一般に，エネルギーギャップより小さいエネルギーの光は吸収せず，高いと光吸収が生じる．このことからも，超伝導体はエネルギーギャップを持っていることがわかる．

9.4.3 同位体効果

同位体とは,同じ原子番号で,質量の異なる原子を互いに同位体と呼ぶ。つまり,中性子の数が異なる。例として,Hg の同位体を混合し,平均原子量 M を 199.5 から 203.4 に変えると,臨界温度 T_c は 4.185 K から 4.146 K まで低下した。多くの物質で実験したところ,図 9.13 のように,ほぼ

$$M^{\frac{1}{2}} T_c = \text{const}. \quad (9.27)$$

となる。このように,同一元素で平均原子量 M を変えると T_c も変わる現象を,**同位体効果(同位元素効果)** という。

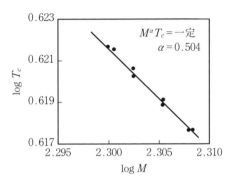

図 9.13　Hg の同位体効果[14]

この効果は,超伝導が生じる原因を突き止める際に,重要なものであった。バーディーン,クーパー,シュリファーの三人は超伝導が生じる理由を理論的に明らかにした。**BCS 理論**と呼ばれている。これは格子振動により二つの電子に引力が働き対(**クーパー対**)を作ると**ボーズ・アインシュタイン凝縮**という現象が生じ超伝導になるという理論である。図 9.14 に示したように金属結晶中で電子が移動してくると,近くの正イオンはクーロン力により電子の方にわずかだけ変位し正電荷の偏りが生じる。その正電荷に他の電子が引き付けられ,間接的に二つの電子間に引力が働き対を作る。平均原子量 M が増加すると一部の正イオンは重くなり振動が起きにくくなる。そのためクーパー対を作りにくくなり,臨界温度 T_c が減少するのである。これが同位体効

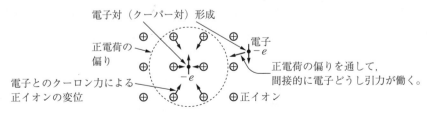

図 9.14　クーパー対の形成

果である。

9.4.4 ジョセフソン効果と超伝導量子干渉計

つぎに,ジョセフソン効果について説明する[15]。二つの超伝導体 S_1 と S_2 を薄い絶縁体膜を挟んで接合させると,電流が流れるが,電位差は生じない。これを**ジョセフソン効果**と呼ぶ。ジョセフソンが 1962 年に理論的に最初に予言し,1963 年にアンダーソンとローウェルが実験的に検証した。ジョセフソン効果を応用した**超伝導量子干渉計**(SQUID)は,極微小な磁界を測定することができる。

9.5 高温超伝導体

1986 年にドイツのベドノルツとミュラーは,La-Ba-Cu-O 系で 30 K 近傍から電気抵抗が減り始め,10 K 近傍で 0 になることを見いだした。酸化物で超伝導を示す物質は確認されていなかったが,この発見をきっかけに世界中の研究者による追試の実験が行われ,つぎつぎに新しい超伝導体(高温超伝導体,銅酸化物超伝導体)が発見された。翌年の 1987 年には Y-Ba-Cu-O 系(図 9.15)で 90 K,1988 年には Bi-Sr-Ca-Cu-O 系で 110 K,Tl-Ba-Ca-Cu-O 系で 125 K,1993 年には Hg-Ba-Ca-Cu-O 系で 135 K の臨界温度を持つ超伝導体が確認されている。従来の伝統的な超伝導体

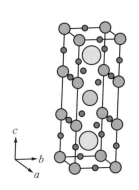

図 9.15 $YBa_2Cu_3O_{7-\delta}$ の結晶構造[16]

は,非常に高価な液体ヘリウム He(沸点:4.2 K)を使用しないと超伝導現象を引き起こすことはできなかったが,空気の 78%を占める非常に豊富で安価な窒素である,液体窒素 N_2(沸点 77 K)を用いて,超伝導状態を作り出せるため,産業応用の可能性の道が飛躍的に高まると期待され,大きなムーブメントが起きた。新聞などメディアでも多く取り上げられ超伝導フィーバーと呼ば

れた。2020年10月に炭素質水素化硫黄に，267 GPaの圧力を加えることにより，287.7 K（+15℃）の室温で超伝導になる物質が発見された。

演 習 問 題

9.1 超伝導体は第一種超伝導体と第二種超伝導体に分けられるが，その違いを磁化曲線を示して説明しなさい。ただし，以下の用語を含めること。
（臨界磁界，下部臨界磁界，上部臨界磁界，磁束，電気抵抗，マイスナー効果，渦糸状態，常伝導状態）

9.2 超伝導体の磁気的性質は超伝導体を完全導体と考えただけでは説明できない。この理由を本文173ページの図9.3（a）の臨界磁界曲線において，(A) → (D) → (C) → (B) と変化させたとき，各状態 (A), (D), (C), (B) における完全導体と超伝導体の磁力線の分布の様子を示し，説明しなさい。

9.3 超伝導状態になるとエネルギーギャップが生じることを，電子比熱対温度の特性の図を示し説明しなさい。

9.4 超伝導状態になるとクーパー対（電子対）が生成するが，そのメカニズムを簡単に説明しなさい。

9.5 超伝導現象はロンドンの方程式と呼ばれるつぎの2式によって記述される。

$$\vec{E} = \Lambda \frac{\partial \vec{J}_s}{\partial t} \tag{1}$$

$$\vec{H} = -\mathrm{rot}\left(\frac{\Lambda}{\mu_0}\right)\vec{J}_s = -\nabla \times \left(\frac{\Lambda}{\mu_0}\right)\vec{J}_s \tag{2}$$

ただし，$\vec{E}$ は電界，$\vec{H}$ は磁界，$\vec{J}_s$ は電流密度（超伝導電流密度），Λ は定数である。

（1） 式(1)が超伝導体の完全導電性を意味していることを説明しなさい。

（2） 無限に広い超伝導平面に磁界 H_0 を平行に印加したとき，ロンドンの方程式を使って超伝導内部の磁界の様子を示しなさい。

引用・参考文献

1) 青木昌治：応用物性論，朝倉書店（1969）
2) シッフ：量子力学 上・下，吉岡書店（1970，1972）
3) 江沢 洋：量子力学（Ⅰ），（Ⅱ），裳華房（2002）
4) 和田純夫：グラフィック講義 量子力学の基礎，サイエンス社（2012）
5) 斉藤 博ほか：入門固体物性―基礎からデバイスまで―，共立出版（1997）
6) 加藤誠軌：X線回折分析，内田老鶴圃（1990）
7) 黒沢達美：物性論，裳華房（2002）
8) 松澤剛雄ほか：新版 電子物性，森北出版（2010）
9) 坂田 亮：理工学基礎 物性科学，培風館（1989）
10) 犬石嘉雄ほか：半導体物性Ⅰ，Ⅱ，朝倉書店（1977）
11) 浜口智尋：固体物性 上，下，丸善（1976）
12) P. V. E. McClintock ほか：低温物理入門，丸善（1988）
13) キッテル：固体物理学入門 上・下，丸善（2005）
14) 浜口智尋：電子物性入門，丸善（1999）
15) 福山秀敏ほか：セミナー高温超伝導，丸善（1988）
16) K. Momma and F. Izumi：J. Appl. Crystallogr., 44, 1272-1276（2011）
17) グロッソ，パラビチニ：固体物理学（上）（中）（下），吉岡書店（2004）
18) 猪木慶治ほか：基礎量子力学，講談社サイエンティフィク（2007）

- 岩本光正：よくわかる電気電子物性，オーム社（1995）
- 広重 徹：物理学史Ⅰ，Ⅱ，培風館（1968）
- デッカー：固体物理，コロナ社（1958）
- 和田純夫：量子力学のききどころ，岩波書店（1995）
- アシュクロフト，マーミン：固体物理の基礎 上ⅠⅡ，下ⅠⅡ，吉岡書店（1981）
- 岸野正剛：超伝導エレクトロニクスの物理，丸善（1993）
- 工藤恵栄：光物性基礎，オーム社（1996）
- 沼居貴陽：固体物性入門 例題・演習と詳しい解答で理解する，森北出版（2007）
- 御子柴宣夫：半導体の物理 改訂版，培風館（1991）

- 丹羽雅昭：超伝導の基礎　第3版，東京電機大学出版局（2009）
- ファインマン：ファインマン物理学Ⅰ～Ⅴ，岩波書店（1986）
- 近角聡信：強磁性体の物理（上），裳華房（1978）
- 長岡洋介：電磁気学Ⅰ，Ⅱ，岩波書店（1982, 1983）
- 太田浩一：電磁気学の基礎Ⅰ，Ⅱ，東京大学出版会（2012）
- 朝永振一郎：量子力学Ⅰ，Ⅱ，みすず書房（1969）
- 朝永振一郎：角運動量とスピン，みすず書房（1989）
- 馬場敬之，高杉豊：電磁気学キャンパス・ゼミ，マセマ出版（2014）
- 馬場敬之，高杉豊：偏微分方程式キャンパス・ゼミ，マセマ出版（2015）
- 浜口智尋，谷口研二：半導体デバイスの物理，朝倉書店（1990）
- 前野昌弘：よくわかる量子力学，東京書籍（2011）
- 山村昌ほか：超伝導工学　改訂版，電気学会（1988）
- 長村光造：超伝導材料，米田出版（2000）

演習問題解答

[1章]

1.1 (1) $-\dfrac{\hbar^2}{2m}\dfrac{d^2}{dx^2}\varphi(x)=\varepsilon\varphi(x)$

(2) 不可能。そこに存在している電子のポテンシャルエネルギーは無限大になってしまう。無限のエネルギーを持つことは不可能。

(3) この x 領域ではポテンシャルエネルギー $U=0$ なので,シュレーディンガー方程式は

$$-\dfrac{\hbar^2}{2m}\dfrac{d^2}{dx^2}\varphi(x)=\varepsilon\varphi(x)$$

となる。特性方程式は

$$\lambda^2+\dfrac{2m\varepsilon}{\hbar^2}=0$$

である。判別式 D は

$$D=-4\cdot 1\cdot\dfrac{2m\varepsilon}{\hbar^2}=-\dfrac{8m\varepsilon}{\hbar^2}$$

となる。$\varepsilon>0$ のとき,つまり,判別式 $D<0$ の虚根のとき,特性方程式の解は

$$\alpha,\beta=p\pm jq=\dfrac{\pm\sqrt{-\dfrac{8m\varepsilon}{\hbar^2}}}{2\cdot 1}=\pm i\sqrt{\dfrac{2m\varepsilon}{\hbar^2}}$$

より,波動関数(一般解)は

$$\varphi(x)=C_1\cos\sqrt{\dfrac{2m\varepsilon}{\hbar^2}}\cdot x+C_2\sin\sqrt{\dfrac{2m\varepsilon}{\hbar^2}}\cdot x$$

となる。

(4) 境界条件 $\varphi(x=0)=0$ より

$$\varphi(x=0)=C_1\cos\sqrt{\dfrac{2m\varepsilon}{\hbar^2}}\cdot 0+C_2\sin\sqrt{\dfrac{2m\varepsilon}{\hbar^2}}\cdot 0=C_1=0$$

よって

$$\varphi(x) = C_2 \sin\sqrt{\frac{2m\varepsilon}{\hbar^2}} \cdot x$$

（5） 境界条件 $\varphi(x=a)=0$ より

$$\varphi(x=a) = C_2 \sin\sqrt{\frac{2m\varepsilon}{\hbar^2}} \cdot a = 0 \rightarrow C_2 = 0 \quad \text{または} \quad \sin\sqrt{\frac{2m\varepsilon}{\hbar^2}} \cdot a = 0$$

$C_2=0$ では，波動関数が 0 になってしまうので

$$\sqrt{\frac{2m\varepsilon}{\hbar^2}} \cdot a = n\pi \quad (n=0, \pm1, \pm2, \pm3, \cdots)$$

という条件が課される。

　境界条件を満足するために初めて量子数 n が現れた。つまり，連続的ではなく，離散的な整数の値しか取り得ない，という条件である。

　つぎに，量子数 n について考えてみる。$n=0$ の場合は

$$\sqrt{\frac{2m\varepsilon}{\hbar^2}} \cdot a = 0 \cdot \pi = 0$$

となり，粒子の質量 m，$\hbar$，a は 0 ではないので，$\varepsilon=0$ が要求される。しかし，ここでは $\varepsilon>0$ の場合を考えているので矛盾する。よって，$n=0$ は含まれない。また

$$\sqrt{\frac{2m\varepsilon}{\hbar^2}} = \frac{n\pi}{a} \rightarrow \therefore \varphi(x) = C_2 \sin\sqrt{\frac{2m\varepsilon}{\hbar^2}} \cdot x = C_2 \sin\frac{n\pi}{a} \cdot x$$

である。ここで，量子数 n の正負の場合に分けて考えてみる。

　$n=+1, +2, \cdots$ の場合の波動関数は

$$n=1 \text{のとき} \quad \varphi(x) = C_2 \sin\frac{1\pi}{a} \cdot x$$

$$n=2 \text{のとき} \quad \varphi(x) = C_2 \sin\frac{2\pi}{a} \cdot x$$

となる。

　$n=-1, -2, \cdots$ の場合の波動関数は

$$n=-1 \text{のとき} \quad \varphi(x) = C_2 \sin\frac{-1\pi}{a} \cdot x = -C_2 \sin\frac{1\pi}{a} \cdot x$$

$$n=-2 \text{のとき} \quad \varphi(x) = C_2 \sin\frac{-2\pi}{a} \cdot x = -C_2 \sin\frac{2\pi}{a} \cdot x$$

となり，n が正の場合の波動関数の振幅にマイナスがついた形になる。波動関数の振幅は＋でも－でもどちらでもかまわないので，正の n を用いることにする。したがって，波動関数は

$$\varphi(x) = C_2 \sin \sqrt{\frac{2m\varepsilon}{\hbar^2}} \cdot x$$

$$= C_2 \sin \frac{n\pi}{a} \cdot x \quad (n = 1, 2, 3, \cdots)$$

となる。

(6) $\int_0^a |\varphi(x)|^2 dx = 1$

を計算することで，任意定数を決めることができる。つまり

$$\int_0^a |\varphi(x)|^2 dx = \int_0^a \left| C_2 \sin \frac{n\pi}{a} \cdot x \right|^2 dx = \int_0^a |C_2|^2 \left| \sin \frac{n\pi}{a} \cdot x \right|^2 dx$$

$$= |C_2|^2 \int_0^a \sin^2 \frac{n\pi}{a} \cdot x \, dx$$

$$= |C_2|^2 \int_0^a \frac{1}{2}\left(1 - \cos \frac{2n\pi}{a} \cdot x\right) dx$$

$$= \frac{|C_2|^2}{2} \left[x - \frac{a}{2n\pi} \sin \frac{2n\pi}{a} \cdot x \right]_0^a$$

$$= \frac{|C_2|^2}{2} \left(a - \frac{a}{2n\pi} \sin \frac{2n\pi}{a} \cdot a \right)$$

$$= \frac{|C_2|^2}{2} a = 1$$

$$\therefore |C_2|^2 = \frac{2}{a}$$

よって

$$|C_2|^2 = |C_2||C_2| = \frac{2}{a} \rightarrow C_2 = \pm\sqrt{\frac{2}{a}} \text{ または } C_2 = \pm j\sqrt{\frac{2}{a}}$$

となる。一般的には実数で表されることが多いので

$$\varphi(x) = \sqrt{\frac{2}{a}} \sin \sqrt{\frac{2m\varepsilon}{\hbar^2}} \cdot x = \sqrt{\frac{2}{a}} \sin \frac{n\pi}{a} \cdot x \quad (n = 1, 2, 3, \cdots)$$

と表される。

(7) 本文 19 ページの図 1.5，図 1.6 参照。

(8) $\int_{\frac{a}{4}}^{\frac{3a}{4}} \left| \sqrt{\frac{2}{a}} \sin\left(\frac{1 \cdot \pi}{a} x\right) \right|^2 dx = \int_{\frac{a}{4}}^{\frac{3a}{4}} \frac{2}{a} \sin^2\left(\frac{\pi}{a} x\right) dx$

$$= \frac{1}{2} + \frac{1}{\pi} = 0.5 + 0.32 = 0.82$$

(9) シュレーディンガー方程式に求めた波動関数を代入すると

$$-\frac{\hbar^2}{2m}\frac{d^2}{dx^2}\varphi(x) = -\frac{\hbar^2}{2m}\frac{d^2}{dx^2}\sqrt{\frac{2}{a}}\sin\frac{n\pi}{a}\cdot x$$

$$= -\frac{\hbar^2}{2m}\frac{d}{dx}\sqrt{\frac{2}{a}}\frac{n\pi}{a}\cos\frac{n\pi}{a}\cdot x$$

$$= \frac{\hbar^2}{2m}\sqrt{\frac{2}{a}}\left(\frac{n\pi}{a}\right)^2\sin\frac{n\pi}{a}\cdot x$$

$$= \frac{\hbar^2}{2m}\left(\frac{n\pi}{a}\right)^2\varphi(x) = \varepsilon\varphi(x)$$

したがって，エネルギー固有値は

$$\varepsilon = \frac{\hbar^2}{2m}\left(\frac{n\pi}{a}\right)^2 \quad (n=1, 2, 3, \cdots)$$

と表される。

 (10)（9）の結果から，離散性を大きくする，つまり，各エネルギー準位の間の間隔を大きくするためには，井戸の幅 a を小さくする。

1.2　（1）　$-\dfrac{\hbar^2}{2m}\dfrac{d^2}{dx^2}\varphi(x) = \varepsilon\varphi(x)$

（2）　$\left\{-\dfrac{\hbar^2}{2m}\dfrac{d^2}{dx^2} + V_0\right\}\varphi(x) = \varepsilon\varphi(x)$

（3）　$\varphi_1(x) = Ae^{ikx} + Be^{-ikx}$　ただし　$k = \sqrt{\dfrac{2m\varepsilon}{\hbar^2}}$

（4）　$\varphi_2(x) = Ce^{i\beta x} + De^{-i\beta x}$　ただし　$\beta = \sqrt{\dfrac{2m(\varepsilon - V_0)}{\hbar^2}}$

（5）　入射波：$\vec{J}_i = \dfrac{\hbar}{m}|A|^2 k\vec{i}_1$，反射波：$\vec{J}_r = -\dfrac{\hbar}{m}|B|^2 k\vec{i}_1$，

透過波：$\vec{J}_t = \dfrac{\hbar}{m}|C|^2 \beta \vec{i}_1$

（6）　反射率：$R = \dfrac{|\vec{J}_r|}{|\vec{J}_i|} = \dfrac{(\sqrt{\varepsilon} - \sqrt{\varepsilon - V_0})^2}{(\sqrt{\varepsilon} + \sqrt{\varepsilon - V_0})^2}$，透過率：$T = \dfrac{|\vec{J}_t|}{|\vec{J}_i|} = \dfrac{4\sqrt{\varepsilon}\sqrt{\varepsilon - V_0}}{(\sqrt{\varepsilon} + \sqrt{\varepsilon - V_0})^2}$

（7）　$R + T = 1$

[2 章]

2.1　（1）　$a = 2 - \dfrac{1}{\sqrt{2}} = 1.2929$

(2) $\alpha = -\dfrac{19}{3\sqrt{2}} + \dfrac{8}{3} + \dfrac{8}{\sqrt{5}} - \dfrac{4}{\sqrt{10}} + \dfrac{4}{\sqrt{13}} = 1.6105$

2.2 $\alpha = 3 - \dfrac{3}{\sqrt{2}} + \dfrac{1}{\sqrt{3}} = 1.456$

2.3 (1) $l = \dfrac{\sqrt{3}}{4}a$ (2) $\theta = 109.472$ deg

2.4 2.32×10^3 〔kg/m^3〕

2.5 (1) $l = 2.45$ Å (2) $\theta = 109.472$ deg (3) Ga：4個，As：4個
(4) 5.32×10^3 kg/m^3

[3 章]

3.1 (1) $\omega = 2\sqrt{\dfrac{k}{m}}\left|\sin\left(\dfrac{qa}{2}\right)\right|$，詳細は3.1節参照。

(2) 本文66ページの図3.4参照。

(3) 格子振動の波長 λ が格子定数 a の2倍 $(\lambda = 2a)$ のときの波数は，$q = 2\pi/\lambda = 2\pi/2a = \pi/a$ であり，第一ブリルアンゾーンの端の波数に相当する。このときの格子振動の様子を本文65ページの図3.5（a）に示す。つぎに，格子振動の波長 λ が格子定数 a の2/3倍 $(\lambda = (2/3)a)$ のときの波数は，$q = 2\pi/\lambda = 2\pi/(2/3)a = 3\pi/a$ であり，このときの格子振動の様子は図3.5（b）となる。つまり，原子の振動は，図（a）の $q = \pi/a$ における振動とまったく同じである。つまり，第一ブリルアンゾーンの $q = \pi/a$ における振動の仕方と，第三ブリルアンゾーンの $q = 3\pi/a$ における振動の仕方は同じ，等価である。つまり，第一ブリルアンゾーンの領域のみを考えれば，格子振動の様子がわかるため。

3.2 本文75ページの図3.8，77ページの図3.9のように，光学分枝は隣接した原子が反対方向にする振動モードであり，音響分岐は隣接した原子が同一方向に変位する振動モードである。

[4 章]

4.1 (1) 4個
(2) 8.516×10^{28} 個/m^3
(3) $\varepsilon_f = 1.13 \times 10^{-18}$ J $= 7.08$ eV
(4) $T_f = 8.21 \times 10^4$ K, $v_f = 1.58 \times 10^6$ m/s
(5) $\mu = 4.76 \times 10^{-3}$ m^2/V s
(6) $\tau = 2.71 \times 10^{-14}$ s

演 習 問 題 解 答　　　　　　　　　　　　　　　195

（7）　$\langle v \rangle = 4.76 \times 10^{-1}$ m/s

（8）　$\dfrac{\langle v \rangle}{v_f} = 3.01 \times 10^{-7}$

4.2　$\varepsilon_f = 4.30 \times 10^{-19}$ J,　$T_f = 3.12 \times 10^4$ K,　$v_f = 9.72 \times 10^5$ m/s

4.3　4.2.3項参照

[5章]

5.1　5.1節参照

5.2　5.2節参照

5.3　5.2節参照

[6章]

6.1　$N_c = 2\left(\dfrac{2\pi m_e^* k_B T}{h^2}\right) = 4.63 \times 10^{17}$ cm^{-3}

$N_v = 2\left(\dfrac{2\pi m_h^* k_B T}{h^2}\right) = 8.85 \times 10^{18}$ cm^{-3}

$n_i = \sqrt{N_c N_v}\, e^{-\frac{E_g}{2k_B T}} = 2.02 \times 10^6$ cm^{-3}

6.2　$a_D = \dfrac{m}{m_e^*} \dfrac{\varepsilon}{\varepsilon_0} a_H = 12 \times 10^{-10}$ m

$\varepsilon_D = 0.049$ eV

6.3　（1）　5.701×10^{-10}　（2）　1.43×10^{16} m^{-3}

6.4　$n = 3.121 \times 10^{21}$ m^{-3},　$\mu = 35.09$ m^2/V s

6.5　（1）　$\dfrac{m_h^*}{m_e^*} = 4.64$　（2）　$E_f - \dfrac{E_g}{2} = 4.77 \times 10^{-21}$ J $= 0.0298$ eV

6.6　$n_i = 2.15 \times 10^{19}$ m^{-3}

6.7　（1）n型　（2）$R_H = 2.5 \times 10^{-3}$ m^3/C　（3）$n = 2.5 \times 10^{21}$ m^{-3}

　　（4）$\rho = 6.4 \times 10^{-3}$〔Ω m〕　（5）$\sigma = 1.56 \times 10^2$ S/m　（6）$\mu_H = 0.39$ m^2/V s

6.8　1.6 μm

6.9　（あ）$-v_x$　（い）$-q$　（う）$v_x B_z$　（え）$-q v_x B_z$　（お）$-q\vec{E}$
　　（か）$-q[0, -E_y, 0]$　（き）$E_y \vec{j} - v_x B_z \vec{j}$　（く）ホール電界　（け）$-q$

$\times n \times 1 \times 1 \times [-v_x, 0, 0]$ （こ） $-\dfrac{j_x}{nq}B_z$ （さ） $-E_y$ （し） $-\dfrac{1}{nq}$ （す） $\dfrac{b}{IB_z}$ （せ） $-\dfrac{1}{R_H q}$

6.10 6.1 節参照

[**7 章**]

7.1 7.1 節参照

7.2 7.1 節参照

7.3 7.4 節参照

7.4 7.5 節参照

[**8 章**]

8.1 $B = 1.26\,\mathrm{T},\ M = -5\,\mathrm{A/m}$

8.2 8.1 節参照

8.3 8.1 節，8.3 節〔3〕参照

8.4 8.3 節参照

[**9 章**]

9.1 9.4.1 項参照

9.2 9.2 節参照

9.3 9.4.2 項参照

9.4 9.4.2 項参照

9.5 9.3 節参照

索　引

【あ】

アインシュタイン
　　——の関係　142
　　——の比熱の式　78, 81
アインシュタイン温度　81
アクセプタ不純物　130
アクセプタ密度　131
アブリコソフ格子　182
アモルファス　56
アンチサイト欠陥　56

【い】

イオン化エネルギー　129
イオン結合　43
イオン分極　156, 159
イオン分極率　157
位相速度　107
移動度　89

【う】

渦糸状態　183

【え】

永久磁気双極子　167
永久磁気モーメント　167
永久双極子モーメント　158
永久電流　172
エネルギー固有値　21
エネルギーの量子化　2
エネルギーバンド　106
エネルギー量子　2

【お】

音響分岐　76

【か】

角運動量　163
　　——の量子化　3

【き】

拡　散　140
拡散係数　141
拡散電流　141
確率の流れの密度　35
価電子帯　112
下部臨界磁界　182
完全反磁性　173

【き】

規格化　18
基礎吸収　142
軌道磁気モーメント　163
軌道半径　128
キャリヤ　116
キュリー温度　169
キュリー定数　168
キュリーの法則　168
キュリー・ワイスの法則　169
境界条件　27
強磁性　167
強磁性体　167, 168
共　存　20
共有結合　43, 49
局所電界　155
極性分子　158
巨視的電界　155
許容帯　106
禁制帯　106
金　属　111
金属結合　43, 51

【く】

空間格子　52
偶奇性　32
空格子点　56
空乏層　144
クーパー対　185
クローニッヒ・ペニーの
　モデル　103

【け】

群速度　107

【け】

結晶粒　55
結晶粒界　55

【こ】

高温超伝導体　186
光学分岐　76
交換相互作用　168
光　子　3
格子間原子　56
格子振動　63, 67
格子定数　52
格子面　55
拘束電荷　154
硬超伝導体　181
光量子　3
光量子説　3
コペンハーゲン解釈　20
混合状態　183

【さ】

三次元井戸型ポテンシャル
　　90
散乱時間　88

【し】

磁　化　165
磁化ベクトル　165
磁化率　166
磁気能率　165
磁気モーメント　162
磁　区　168
仕事関数　23
磁性体　167
磁束の量子化　182
磁束量子　183
質量作用の法則　127

索引

自発磁化　168
射影仮説　20
周期的境界条件　92
収縮仮説　20
自由電子モデル　90
シュレーディンガー方程式　5
　　時間に依存しない——　9
　　時間に依存する——　8
常磁性　167
常磁性体　166, 167
少数キャリヤ　127
状態密度　97, 99, 119
衝突時間　88
上部臨界磁界　183
ジョセフソン効果　186
ショットキー欠陥　56
進行波　93
真性キャリヤ密度　126
真性半導体　116
真性領域　135
真電荷　154

【す】

水素結合　43
スピン角運動量　164
スピン磁気モーメント　164
スピン量子数　164

【せ】

正規化　18
正孔　111, 116
正孔密度　124
積層欠陥　56
絶縁体　111
線欠陥　56

【そ】

双極子分極　156, 159
双極子分極率　158
ゾンマーフェルトのモデル　91

【た】

第一ブリルアンゾーン　66
第一種超伝導体　181
第二種超伝導体　181
多結晶　55
多数キャリヤ　127

多世界解釈　21
単位格子　52
単位胞　52
単結晶　55

【ち】

超伝導現象　171
超伝導電流　172
超伝導量子干渉計　186

【て】

抵抗率　90
定数係数斉次線形微分方程式　10
定積比熱　79
デバイ
　　——の T^3 則　84
　　——の比熱の式　79
デバイ温度　83
出払い領域　135
デューロン・プティの法則　78, 79, 80
電位　12
転位　56
転移温度　172
電気双極子　151
電気双極子モーメント　151
電気的感受率　155
電気的中性条件　132
点欠陥　56
電子分極　156, 159
電子分極率　157
電子密度　121
伝導帯　112
伝導電子　51
電流密度　89

【と】

同位元素効果　185
同位体効果　185
透過率　36
透磁率　166
導電率　89
ドナー不純物　128
ドナー密度　131
ドーピング　116
ド・ブロイ波　4
ドリフト速度　89
トンネル効果　33, 39

【な】

軟超伝導体　181

【に】

2流体モデル　176

【ね】

熱伝導　84
熱伝導率　84
熱量　84
ネール温度　169

【は】

配向分極　156, 157
配向分極率　158
パウリの排他律　50
波束　107
　　——の収縮　20
発見確率　17, 18
波動関数　4
波動性　4
パリティ　32
反強磁性　167
反強磁性体　167, 169
半金属　114
反磁性　167
反磁性体　166, 167
反射率　36
半導体　111
バンド間遷移　142

【ひ】

光吸収　142
光吸収係数　142
非晶質　55
比透磁率　166
比熱　79, 183
比誘電率　154

【ふ】

ファン・デル・ワールス結合　43
フェライト　170
フェリ磁性　167
フェリ磁性体　167, 169
フェルミエネルギー　96
フェルミ温度　96
フェルミ球　96

フェルミ速度 96	飽和磁化 168	【も】
フェルミ・ディラック	飽和領域 135	
分布関数 100, 121	ボーズ・アインシュタイン	モード 76
フェルミ波数 96	分布関数 100	【ゆ】
フェルミ粒子 100	ボーズ粒子 100	
フォノン 62, 78	ポテンシャルエネルギー	有限井戸型ポテンシャル 22
不確定性関係 4	12, 44	有効質量 110
複素誘電率 159	ホール 116	有効状態密度 124
不純物半導体 116	ホール移動度 140	誘電損失 160
不純物領域 134	ホール係数 139	誘電体 151
物質波 4	ホール効果 135	誘電分極 151
ブラッグの回折条件 58, 60	ボルテックス状態 183	誘電分散 159
ブラベー格子 52	ホール電圧 138	誘電率 153
プランク定数 2	ホール電界 137	
プランク分布 78	【ま】	【り】
フレンケル欠陥 56		離散化 3
ブロッホの定理 104	マイスナー効果 173, 175, 176	離散的 21
分　極 151	マーデルング定数 46	粒子性 4
分極電荷 154	【み】	量子化 2
分極ベクトル 151		量子数 16
分散曲線 66	ミラー指数 55	臨界温度 172
【へ】	【む】	臨界磁界 172, 181
変数分離 91	無限井戸型ポテンシャル 12	【ろ】
【ほ】	【め】	ローレンツ電界 156
		ロンドンの磁界侵入深さ
ボーア磁子 164	面欠陥 56	179
方位量子数 163		ロンドン方程式 178
方向のミラー指数 54		

【B】	【P】	【S】
BCS 理論 185	pn 積 127	sp^3 混成軌道 51
【N】	pn 接合 143	SQUID 186
n 型半導体 127	p 型半導体 127	【X】
		X 線回折法 58

―― 著者略歴 ――

1990 年　岩手大学工学部電子工学科卒業
1992 年　岩手大学大学院工学研究科博士前期課程修了
　　　　（電子工学専攻）
1996 年　山形大学大学院工学研究科博士後期課程修了
　　　　（システム情報工学専攻）
　　　　博士（工学）
1996 年　八戸工業高等専門学校助手
2003 年　八戸工業高等専門学校講師
2006 年　八戸工業高等専門学校助教授
2007 年　八戸工業高等専門学校准教授
2021 年　八戸工業高等専門学校教授
　　　　現在に至る

電子物性入門
Introduction to Electronic Properties of Materials　　　ⓒ Yoshitaka Nakamura 2016

2016年1月12日　初版第1刷発行　　　　　　　　　　　　　　　　　　　　★
2022年12月5日　初版第3刷発行

	著　者	中　村　嘉　孝
検印省略	発行者	株式会社　コロナ社
		代表者　牛来真也
	印刷所	新日本印刷株式会社
	製本所	有限会社　愛千製本所

112-0011　東京都文京区千石 4-46-10
発 行 所　株式会社　コ ロ ナ 社
CORONA PUBLISHING CO., LTD.
Tokyo Japan
振替00140-8-14844・電話(03)3941-3131(代)
ホームページ　https://www.coronasha.co.jp

ISBN 978-4-339-00878-4　C3055　Printed in Japan　　　　　　　　　（横尾）

JCOPY <出版者著作権管理機構 委託出版物>
本書の無断複製は著作権法上での例外を除き禁じられています。複製される場合は，そのつど事前に，出版者著作権管理機構（電話 03-5244-5088, FAX 03-5244-5089, e-mail: info@jcopy.or.jp）の許諾を得てください。

本書のコピー，スキャン，デジタル化等の無断複製・転載は著作権法上での例外を除き禁じられています。購入者以外の第三者による本書の電子データ化及び電子書籍化は，いかなる場合も認めていません。
落丁・乱丁はお取替えいたします。